钟燕月子膳食丛书

跟钟燕学做糖妈月子餐

钟燕 ◎ 著

SPM
南方传媒

广东科技出版社
全国优秀出版社

· 广 州 ·

图书在版编目（CIP）数据

跟钟燕学做糖妈月子餐 / 钟燕著. —广州：广东科技出版社，2024.8（2025.3重印）

（钟燕月子膳食丛书）

ISBN 978-7-5359-8320-6

Ⅰ．①跟… Ⅱ．①钟… Ⅲ．①产妇—妇幼保健—食谱 Ⅳ．①TS972.164

中国国家版本馆CIP数据核字（2024）第074727号

跟钟燕学做糖妈月子餐
Gen Zhong Yan Xue Zuo Tangma Yuezi Can

出 版 人：严奉强
策划编辑：张远文
责任编辑：李 杨
装帧设计：友间文化
责任校对：曾乐慧 李云柯
责任印制：彭海波
出版发行：广东科技出版社
　　　　　（广州市环市东路水荫路11号 邮政编码：510075）
销售热线：020-37607413
https://www.gdstp.com.cn
E-mail：gdkjbw@nfcb.com.cn
经 销：广东新华发行集团股份有限公司
印 刷：广州市岭美文化科技有限公司
　　　　　（广州市荔湾区花地大道南海南工商贸易区A幢 邮政编码：510385）
规 格：787mm×1092 mm 1/16 印张18.25 字数365千
版 次：2024年8月第1版
　　　　　2025年3月第2次印刷
定 价：69.80元

推荐序

　　糖尿病是近年对我国居民危害巨大的慢性疾病。当前流行病学数据表明，我国糖尿病患者接近1亿人。尽管糖尿病的病因非常复杂，但当前的共识为长期高热量、高脂肪、高蛋白质的饮食和久坐等不良生活习惯是患糖尿病的主要原因。作为糖尿病的一种类型，妊娠糖尿病在我国的发病率也越来越高，总患病率接近9%。我国血糖异常的妊娠期妇女人口数在870万以上，这些妇女和她们的子代将来患糖尿病和其他慢性疾病的风险极高。研究表明，在妊娠期间进行良好的饮食控制能有效控制血糖，而且能减少各种并发症。因此，改变不良饮食习惯成为一种非常重要的糖尿病治疗手段。然而，从我从医20多年的经验来看，很多糖尿病患者患病后不知如何管控饮食，每天都很纠结该吃什么、不该吃什么、该吃多少等问题，他们在控糖过程中的饮食非常需要得到专业的指导和建议。

　　钟燕老师一直专注于月子营养餐领域，与我认识的其他营养师不一样的地方是，她既懂营养，又在实战烹调方面有较深的功底——上得了厅堂又入得了厨房，这在行业中是不多见的。我很高兴看到她撰写的第二本著作《跟钟燕学做糖妈月子餐》即将出版。据我所知，在我国现有的月子营养食谱类专业著作中尚无系统全面介绍制作糖尿病月子餐的书籍，这本书的问世将填补这个空白。

本书最出彩的部分之一就是她亲自搭配、烹调出来的食谱，清淡、有营养，让人食欲倍增，不仅食材搭配巧妙，制作更是化繁为简，足见其功底。这些食谱既能帮助糖妈控糖，又能调理身体，真正做到控糖而不控营养。

本书不仅适合糖妈阅读参考，也很适合普通人群，特别是体重超标者学习安排日常饮食，是一本非常值得推荐的佳作。期待读者能从美食中获取丰富的营养，也能从本书中汲取促进健康的知识营养。

谭荣韶

暨南大学附属广州红十字会医院营养科主任

医学博士、硕士研究生导师

2024年3月9日于广州

自序

坐月子是中国人的传统，我们经常说"科学坐月子，健康一辈子""只吃对的，不吃贵的"……一般人坐月子，在设计科学地吃月子餐这方面已经够头疼的了，更何况身体出现一些状况，比如糖尿病等，更是困扰很多坐月子的新妈妈。

作为从事17年月子膳食教学的一线老师，我培训的学员已近万人，网络平台总粉丝数近40万。我从中了解到的现状，就是"糖妈"（糖尿病孕妈、糖尿病产后妈妈简称为"糖妈"）越来越多，大约10个孕妈里就有1个患有糖尿病的，而且患病人数呈逐年上升趋势。我经常收到学员和网友的求助，一般都是咨询糖妈的月子餐应该吃些什么、一日六餐该如何科学安排……由于目前市场上缺乏专业的、接地气的糖尿病月子餐书籍，我便萌生专门为糖妈写一本糖尿病月子餐科普图书的想法，希望惠及更多有需要的妈妈。撰稿耗时近2年，我把平时收集到的咨询，以及自己多年科学膳食的经验积累做了汇总整理，形成本书，呈现给大家。

本书共分为三章。第一章甄选、列出了学员、网友平时尤其关心的问题并予以解答，让大家更好地了解糖尿病的基础理论知识。第二章是本书的重点，详细地列出糖尿病月子餐中一日六餐的推荐食谱，包括每日重要菜品的搭配制作细节、营养功效、营养分析和饮食注意事项等。坐月子期间的28天，囊括不重样的实操菜品168道，且均配有我自己制作的精美彩图，以便让读者更清晰地了解糖尿病月子餐的科学搭配和制作步骤。此外，还以小卡片、小叮咛的形式讲解各种食材所含的营养成分，哪些情况下应该少吃或不吃某种食材，旨在让每位读者操作时更有参考性和借鉴性。第三章分别列出了宝妈每日所需总热量为1600～1700千卡、1800～1900千卡、2000～2100千卡时的带量食谱，供有不同热量需求的读者参考。

在月子膳食的道路上，我已坚持17载，并始终秉持"活到老，学到老"的人生信条，希望尽自己绵薄之力帮助糖妈们控糖，并更快地恢复身体。由于水平有限，书中难免有疏漏和不足之处，恳请广大读者谅解并不吝指正。

本书的顺利出版得益于很多人的支持。衷心感谢我的恩师谭荣韶教授为本书作推荐序，并给予珍贵建议和指导。感谢营养师黄家欣、张梅、罗咏妍及我的助理黄海燕、陶金枚、徐华菊，以及摄影师刘明军在食谱拍摄、营养数据分析等方面提供的支持和帮助。最后还要感谢广东科技出版社的编辑团队对本书的重视和精心的编排，让《跟钟燕学做糖妈月子餐》更完美地呈现出来。

2023年12月于广东东莞

目录

第一章

关于糖妈的月子餐，你需要知道这些

第二章

产后28天，糖妈的一日六餐这样吃

第三章　不同的热量需求，有不同的吃法

跟**钟燕**学做

糖妈

月子餐

第一章

关于糖妈的月子餐，你需要知道这些

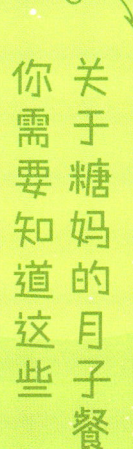

一、糖尿病妊娠和妊娠糖尿病

糖妈分两种，一种是怀孕前就有糖尿病的，叫糖尿病妊娠；一种是怀孕后才有糖尿病的，叫妊娠糖尿病。绝大多数妊娠糖尿病患者生产后，血糖即可自行恢复正常，但坐月子期间仍然需要严格进行饮食管理，以减少以后发生2型糖尿病的概率；还需要在产后42天去医院进行糖耐量试验，以确认血糖是否恢复正常。如果是妊娠前就有糖尿病的糖妈，分娩后仍然存在糖尿病，则需要遵医嘱进行治疗管理。

二、了解产后血糖控制目标

产后42天是控糖的关键期，因此，坐月子期间仍需持续监测血糖。月子期间的宝妈血糖应符合正常人群标准，具体目标如下：

❶ 餐前空腹血糖在3.9~6.1毫摩/升。这里说的"空腹血糖"，指的是隔夜空腹后检测的血糖，医学上规定8~12小时不吃任何含有热量的食物，饮水除外，才是真正意义上的"空腹"。

❷ 餐后2小时血糖在4.4~7.8毫摩/升。这里说的"餐后2小时"，要从进食第一口的时间算起，整整2小时后再检测血糖。

三、什么是空腹血糖受损

如果空腹血糖＞6.1毫摩/升，＜7.0毫摩/升；餐后2小时血糖＜7.8毫摩/升，即空腹血糖超出正常状态，而餐后2小时血糖又是正常的，未达到糖尿病的诊断标准，这就叫空腹血糖受损。这时，我们需要积极通过饮食、运动或药物干预，尽量把血糖控制在较为正常的水平，以减缓糖尿病的发展速度，避免糖尿病的发生。

四、糖尿病的诊断标准

如果空腹血糖≥7毫摩/升，餐后2小时血糖≥11.1毫摩/升，并且有糖尿病相关症状，就可以诊断为糖尿病。这些诊断工作是由专业医生来做的，对于患者来说，就要遵医嘱配合治疗，以及合理、科学地安排饮食，以达到血糖控制平稳的目的。

五、糖妈是否可以母乳喂养

关于糖妈能不能母乳喂养这个问题，得看糖妈的血糖控制得怎么样。如果糖妈的血糖控制平稳，没有口服降糖药物，是鼓励正常母乳喂养的，因为母乳喂养可以帮助糖妈消耗血糖，更利于控糖。但如果血糖水平一直很高，波动很大，在这种情况下哺乳，对宝宝会有不利影响。如果母乳中含糖高，宝宝长期摄入容易导致虚胖，增加以后患上糖尿病的风险。

六、糖妈能吃水果吗

糖妈能不能吃水果、吃什么水果、吃多少水果……一直是很多人关心的问题。水果中含有丰富的维生素和膳食纤维，能促进产后伤口愈合，还能预防产后便秘。在血糖稳定的情况下，糖妈可以吃一些低升糖指数（GI值）的水果，例如苹果、番石榴、柚子、圣女果、牛油果、猕猴桃、草莓、蓝莓等，一天的食用量宜控制在200克左右，约等于自己拳头的大小。但水果不宜在正餐时吃，可安排在加餐时吃。夏天可常温食用水果，冬天可稍微蒸一下，或用热水泡一下再吃，以不刺激牙齿和胃肠为宜。不可长时间烹煮水果，以免破坏其营养成分。

七、糖妈可以喝粥吗

坐月子期间的糖妈有时食欲不好，想喝粥，而喝粥很容易使血糖升高，因为经过长时间熬煮的粥消化吸收快，容易导致血糖产生较大波动，所以很多糖妈根本不敢吃粥类。其实，并没有糖妈绝对不能吃的食物，主要看怎么搭配、烹煮，以及吃多少。给糖妈吃的粥，建议用3种以上不同种类的食材搭配，高、中、低GI值食材科学配比，比如在粥里搭配杂粮、肉类、蔬菜等，把烹煮的时间控制好，不要煮得太软烂，以煮熟为宜。根据不同个体安排食用量，并适时做好血糖监测，从饮食实践中找到真正适合自己的食谱。

八、给糖妈做菜，怎么选用调味品

做菜最常用的是生抽、蚝油、蒸鱼豉油等提鲜、增加咸味的调味品，但这类调味品中往往含有盐和糖等，建议给糖妈做菜时少量使用或选择无添加剂的调味品来进行调味。此外，糖妈摄入过多盐，也会使血糖升高，所以决定用这类调味品调味菜品时，盐的使用量一定要减少。

九、给糖妈做菜能使用生粉吗

生粉其实就是淀粉的一种，吃多了容易升糖。但在烹调过程中，我们经常会用到生粉，比如做炒肉丝这类菜品，如果在码味时不用生粉锁水，炒制出来的菜品，口感不够嫩滑。在烹调糖妈的月子餐时，如果有需要，可以少量用一些生粉，但要注意一点，如果糖妈的血糖出现较大波动，应尽量少用生粉，或把主食的量相应减少一些。

十、糖妈月子餐的烹调小技巧

现在大多数年轻宝妈都喜欢吃爆炒、油煎的菜品，因为这类菜品"馈气"足，吃起来比较香。但这样烹调的菜品用油比较多，建议糖妈不要吃太多。其实，可以通过改变烹调方式来控油，比如白灼、清蒸、水煮等方法，用油量就相对少。我平时在课堂上教过比较多这类菜品，比如香油拌西蓝花，就是把西蓝花煮熟后捞出，沥水，趁热加入盐和香油拌匀，即可食用。可能很多人会认为这样做出来的菜品没什么味道，不好吃，其实恰恰相反，采用这种方法做出来的菜品用油少，颜色翠绿，盐容易着附在食材表面，吃的时候能明显尝到咸味，但又不至于过咸。这就是我常跟学员说的，"月子餐虽清淡，但我们要做到清而不淡，让宝妈吃得有滋有味"。

十一、糖妈血糖要稳定，进餐顺序有讲究

喝汤在坐月子期间是必不可少的，但稍不注意，就会引起血糖波动，因为汤水会加快食物的吸收，容易导致餐后快速升糖。建议糖妈在饭前喝汤，这样胃里先容纳一些汤水，再吃正餐就不容易过量，切记不要喝一口汤吃一口饭，或吃饱了再喝汤，这样非常不利于控糖。

在正餐饮食中，建议糖妈的进餐顺序为：喝汤→吃蔬菜→吃肉类→吃主食，遵循先稀后干、少稀多干、细嚼慢咽的饮食原则。这样既吃得舒服，又不会增加进食量，同时可以使能量缓慢地释放，不会使血糖有太大的波动。

十二、糖妈能不能吃高 GI 值食物

很多血糖高的人这不敢吃，那也不敢吃，吃东西非常纠结，这样很容易造成营养不良。在我的膳食理念里，没有绝对不能吃的食物，只有吃多或吃少，以及什么时间吃、怎么搭配着吃的问题。糖妈需要控糖，但不能控营养。

按照常识，糖妈很适合吃升糖指数（GI值）较低的食物，但事实上，这类食物的范围比较有限，那糖妈该怎么吃才科学合理呢？

比较推荐的吃法是高、中、低（GI值）食材搭配。一盘菜或主食选用3种以上食材进行混合搭配，综合下来，GI值就会比较适中。举个例子，我今天中午做米饭，由于大米的GI值较高，可考虑加一些中GI值的玉米和低GI值的红豆

综合搭配，就可以把总的GI值降下来。这样不仅对控糖有帮助，还能达到营养均衡的目的。

常见高GI值（GI >75）主食类食物有：

- 白米饭、白馒头、白稀饭、白面包、蛋糕、纯米粉、纯白面条等。

常见中GI值（GI为55～75）主食类食物有：

- 全麦面包、荞麦面、土豆、黑米、芋头等。

常见低GI值（GI<55）主食类食物有：

- 黄豆、黑豆、绿豆、红豆、小麦、大麦、荞麦、燕麦、玉米等。

十三、糖妈月子餐该如何安排

月子餐的合理餐数是6餐，即3餐正餐和3餐加餐。3餐正餐，每餐应该把七大营养素都设计进去，3餐热量合理分配，以达到营养全面、均衡的目的。具体设计如下：

早餐：选择体积小、热量稍高的食物，热量占比为每日总热量摄入的10%～15%为宜。因为人体的生理规律是上午肝糖原分解旺盛，若早餐安排的量过多，就容易导致早餐后的血糖过高，所以早餐热量占比要安排少一些。

❶ 摄入足够量的蛋白质，可选择蛋类、禽畜类、水产类、奶类、豆类等。

❷ 主食粗细搭配，像全谷类的燕麦、荞麦、全麦等，薯类的山药、红薯等，杂粮类的玉米、高粱、红豆等，都是不错的选择。

❸ 蔬菜尽量多选择时令绿叶蔬菜。

午餐、晚餐：午餐食用的种类尽可能多一些，选择体积稍大、热量稍高、饱腹感明显的食物，热量占比为每日摄入总热量的30%。晚餐选择体积大、饱腹感明显的食物，适当增加蔬菜的摄入量，热量占比为每日摄入总热量的30%。

❶ 蛋白质摄入仍然以蛋类、奶类、禽畜类、水产类、豆类及豆制品为主。

❷ 主食选择各种粗杂粮、杂豆饭等。

❸ 蔬菜选择以时令为主，以反季为辅。

加餐：加餐作为两餐之间的补充，并不需要吃得太多。加餐可以选择杂粮点心、无糖牛奶、豆浆、低糖水果、鸡蛋、坚果和杂豆汤等。每次加餐的热量占比为占每日总热量摄入的5%～10%。加餐的量一定要控制好，以防一次性进食过多，引起血糖波动。

十四、给糖妈配餐，如何个性化定制主食、副食摄入种类及用量

主食用量及算法

糖妈只要吃对主食，就等于将血糖控好了一半。主食包含五谷杂粮中的大米、小米、黑米、红米、糙米、小麦、荞麦、藜麦、燕麦和玉米等，以及根茎类中的山药、土豆、莲藕、芋头、胡萝卜和红薯等。它们都含有丰富的碳水化合物，是每日食物中热量的主要来源。如果这类食物的量吃不对，就难以控制好血糖。建议糖妈每天将膳食碳水化合物产热比控制在50%～60%，可根据个人每日所需的热量来安排主食的摄入量。

那怎样给糖妈进行个性化的主食量定制呢？

弄懂以下3步，轻松计算主食量

第1步 计算每日所需热量

计算标准体重

公式：标准体重（千克）=身高（厘米）-105

算一算：你的标准体重（千克）=_____（厘米）-105=_____（千克）

计算BMI

公式：BMI（身体体重指数）=体重（千克）÷身高（米）的平方

算一算：你的 BMI=_____（千克）÷_____=_____（千克/米²）

BMI评定标准表

等级	体重偏轻	体重正常	体重超重	体重肥胖
BMI值方（千克/米²）	<18.5	18.5～23.9	24.0～27.9	≥28.0

判断活动强度

糖妈坐月子期间的活动强度不大，可以判断为轻体力活动者。不同阶段，活动强度有所不同。比如刚生产完，基本上是卧床休息或少量走动，所以这个时期的热量需求较低，随着身体恢复和活动量增加，糖妈的热量安排也应作相应调整。下表是每日每千克标准体重所需的热量。

热量对照表（按轻体力活动者标准）　单位：千卡/千克

体重偏轻	体重正常	体重超重或肥胖
35	30	20～25

我们来举个例子：

王宝妈28岁，身高163厘米，体重70千克，目前采用母乳喂养。

那么，王宝妈的标准体重（千克）=163（厘米）−105=58（千克）。

王宝妈的实际体重是70千克，BMI为26.34，属于超重。我们通过公式，计算出她每日所需的热量为：

标准体重58千克×体重超重对应的热量（20～25千卡/千克）=1160～1450（千卡）

为方便计算，我们取每日所需热量1400千卡这个数值。

王宝妈是纯母乳喂养的糖妈，因此需要在此基础上增加400千卡的热量，来弥补其哺乳带来的热量消耗。

注：数据来源于《中国居民膳食营养素参考摄入量2023版》。

第2步 计算每餐所需热量

计算出每日所需总热量后，我们再按照前面"黄金配餐法则"中所讲的热量分配比，合理分配到每一餐当中就可以了。仍以上述王宝妈为例，她每日需要的总热量约为：1400千卡＋纯母乳喂养需增加的400千卡＝1800千卡。按早餐＋早加餐1/5，午餐＋午加餐、晚餐＋晚加餐各2/5的比例来分配6餐热量，即：

早餐＋早加餐的热量摄入=1800千卡×1/5＝360千卡；
午餐＋午加餐的热量摄入=1800千卡×2/5＝720千卡；
晚餐＋晚加餐的热量摄入=1800千卡×2/5＝720千卡。

计算出王宝妈每餐所需热量后，设定碳水化合物的产热比为55%，1克碳水化合物提供的热量是4千卡，由此计算出6餐宜摄入的碳水化合物重量为：

早餐＋早加餐360千卡×55%＝198÷4≈50克（生重）；

午餐＋午加餐720千卡×55%＝396÷4＝99克（生重）；

晚餐＋晚加餐720千卡×55%＝396÷4＝99克（生重）。

现实生活中，除了主食，奶类、蔬菜、水果及其制品也能提供一些碳水化合物，所以在计算主食的量时要相应扣除一些重量。按膳食宝塔的推荐，每日500克牛奶、500克蔬菜和约200克水果的碳水化合物大概为50克（鱼虾类、瘦肉、蛋类等高蛋白食物含碳水化合物极少，可以忽略不计），因此，每日碳水化合物总量可简化计为50克，视具体食物调整，并按早餐＋早加餐10克，午餐＋午加餐、晚餐＋晚加餐各20克的比例进行扣除。

假设碳水化合物全部由谷类提供，其中干谷类中碳水化合物含量多为75%，由此最终计算出王宝妈宜摄入的谷物类重量为：

早餐＋早加餐（50克－10克）÷75%≈53克（生重）；

午餐＋午加餐（99克－20克）÷75%≈105克（生重）；

晚餐＋晚加餐（99克－20克）÷75%≈105克（生重）。

如果你觉得以上主食计算方法太复杂，还有一个更简便的方法，就是"手掌测量法"。这个方法源自加拿大糖尿病协会临床实践指南专家委员会（CDA）推荐使用的糖尿病饮食教育法则，就是指每餐摄入自己拳头大小的主食量，以此作为对所需食物摄入量的估算。主食建议搭配全谷类、杂豆类等，比例不低于1/5，不要只吃单一的精米、白面。

当然，这只是粗略的估算，实际上，每个人都有个体差异，加之现在随着生活水平的提升，摄入高热量食物的概率很高，所以建议糖妈每天定时定量进餐，用秤称好重量，做好血糖监控和详细记录，及时调整主食用量，找到每餐的平衡点，以达到稳定血糖的目的。此外，值得提醒的是，如果经多次调整都无法解决血糖波动的问题，建议及时找专业医生进行咨询诊疗，找出问题所在，遵医嘱进行饮食安排。

▽ 副食种类选材及大致用量

副食类中主要有两大产能的营养素，分别是蛋白质和脂肪。建议糖妈摄入的能量占比为蛋白质占15%～20%，脂肪占20%～30%。

❶ 禽畜类 包含鸡肉、鸭肉、鹅肉、鸽肉、猪肉、牛肉和羊肉等，这些都是蛋白质、铁等营养素含量丰富的食物，这些肉类，一般安排在午餐或晚餐居多，建议每日的摄入量控制在50～100克。这个量指的是可食部分，如果是带骨头烹调的肉类，则可适当增加一些量。烹调前，该剥皮的一定要先剥皮、去油，烹调时尽量减少用油量。

❷ 水产类 包含鱼、虾、贝类等食材，它们的蛋白质、钙、锌等营养素含量都非常丰富，而且脂肪含量较少。建议每日摄入量控制在100～150克，多采用蒸、煮等烹调方式。

❸ 蛋类 包含鸡蛋、鸭蛋、鹌鹑蛋、鸽子蛋等食材。鸡蛋含有非常丰富的优质蛋白质，取材方便，价格实惠，是月子餐中常用的食材。建议每日食用1个，重量大约为50克，如果换成其他蛋类，可参照此分量分配。烹调时多采用水煮、蒸等方式，以减少脂肪的摄入量。

❹ 奶类 主要指牛奶或奶制品。牛奶中的蛋白质、钙含量非常丰富，建议每日喝250～300毫升，宜选择脱脂牛奶。如果是乳母，每天应增饮200毫升的牛奶，以满足其对钙的需要。

❺ 豆类及其制品 主要指黄豆或黑豆、豆浆、豆腐花、豆腐、豆皮、腐竹等。豆类中的蛋白质、钙、锌等含量非常丰富，取材方便，价格实惠，可作为糖妈在月子餐中的常用食材。建议每日食用量为50～100克。

❻ 蔬菜类 主要指各种绿色及深色蔬菜。这类蔬菜不易升糖，科学食用，对控糖有帮助。蔬菜中含有大量维生素、膳食纤维、矿物质等营养素，烹调时多采用白灼、熟炒、水煮等方式。建议每日食用量为400～500克。

❼ 坚果类 主要指腰果、核桃、花生、瓜子、芝麻等。这类食材所含的蛋白质、钙、铁、锌等营养素比较丰富，但脂肪含量也相对较高，建议在血糖稳定的情况下食用，每日摄入量控制在10～15克（按可食部分计重）。

❽ 油脂类 糖妈应多选用不饱和脂肪酸含量丰富的油品，如橄榄油、

亚麻籽油、芝麻油、茶油和葵花籽油等。这类油品不易引起血糖升高，但也要注意用量，每日控制在25～30克。同时，要减少饱和脂肪酸的摄取，如猪油、牛油、鸡油等动物油脂。忌食反式脂肪酸含量高的油品，如植物黄油、氢化植物油、酥油等，这类油品大多用于烘焙和煎炸食品中，如奶油蛋糕、蛋黄派、饼干、炸鸡等，糖妈要杜绝食用此类食品。

十五、学会食物交换份法，让糖餐吃出更多花样

食物交换份法是一种简化的饮食管理工具，最早由美国糖尿病协会（ADA）提出。它是营养学的一个概念，即把能产生90千卡热量的食物设定为一个交换份。也就是说，每个食品交换份的食物所含热量都是90千卡，但其重量可以不同。例如，1个食品交换份的食物相当于米面25克、绿叶蔬菜500克、水果200克、牛奶160克、瘦肉50克、鸡蛋50克、油10克等。只要运用好食物交换份法，就可以按照自己每日应该摄入的总热量来自由交换各类食物，这样饮食花样就可以多起来了。

食品交换的四大组（八小类）内容和营养价值表

组别	类别	每份质量（克）	热量（千克）	蛋白质（克）	脂肪（克）	碳水化合物（克）	主要营养素
谷薯组	谷薯类	25	90	2	—	20	碳水化合物、膳食纤维
蔬果组	蔬菜类	500	90	5	—	17	矿物质、维生素、膳食纤维
	水果类	200	90	1	—	21	维生素、膳食纤维
肉蛋豆组	肉蛋类	50	90	9	6	—	蛋白质、脂肪
	大豆类	25	90	9	4	4	蛋白质、膳食纤维
	奶制品类	160	90	5	6	—	蛋白质、钙

组别	类别	每份质量（克）	热量（千卡）	蛋白质（克）	脂肪（克）	碳水化合物（克）	主要营养素
油脂组	坚果类	15	90	4	7	2	维生素E、脂肪
	油脂类	10	90	—	10	—	脂肪

▽ 计算食物交换份的份数

食物交换份的份数=每日需要的总热量（千卡）÷90（千卡）

前面计算出纯母乳喂养的王宝妈每日所需的总热量约为1800千卡，那么她每日所需的食物交换份的份数约为：**1800千卡÷90千卡=20份**。

▽ 分配食物

计算出食物交换份的份数后，就可以根据自己的喜好来选择要交换的食物。仍以王宝妈为例，她每日所需的交换份数约为20份，可以这样选择：主食250克（计10份），蔬菜类500克（计1份），水果类200克（计1份），肉蛋豆类200克（计4份），牛奶300克（计2份），油脂20克（计2份），合计20份。

适合坐月子期间食用的等值肉蛋类食物交换表

每交换1份肉蛋类，提供蛋白质9克、脂肪6克、热量90千卡

食物名称	重量（克）	食物名称	重量（克）
熟酱牛肉、熟酱鸭	35	鸡肉	55
猪瘦肉、牛肉、羊肉	50	鸡胸肉	75
鸭肉	50	水发海参	350
排骨（带骨）	50	花胶	30
鸡蛋（带壳）	60（约1个）	猪肝、猪腰	70
鹌鹑蛋（带壳）	60（约6个）	对虾、青虾、鲜贝	100
带鱼、黄花鱼	80	水发鱿鱼、兔肉	100
鲫鱼、鳝鱼、鲈鱼	80	鸡蛋清	150

适合坐月子期间食用的等值蔬菜类食物交换表
每交换1份蔬菜类，提供蛋白质5克、碳水化合物17克、热量90千卡

食物名称	重量（克）	食物名称	重量（克）
各种叶菜类	500	南瓜、冬笋、菜花	350
芹菜、紫甘蓝、莴笋	500	洋葱、扁豆、鲜豇豆	250
百合	100	青彩椒、红彩椒、黄彩椒	400
鲜豌豆、毛豆	70	西葫芦、番茄、冬瓜、青瓜	500
莲藕、山药、芋头	150	绿豆芽	500
鲜蘑菇、茭白、白萝卜	400	黄豆芽	200
胡萝卜	200	黄瓜、丝瓜、茄子	500

适合坐月子期间食用的等值谷薯类食物交换表
每交换1份谷薯类，提供蛋白质2克、碳水化合物20克、热量90千卡

食物名称	重量（克）	食物名称	重量（克）
大米、小米、糯米、薏米	25	绿豆、红豆、芸豆、干豌豆	25
面粉、玉米面粉	25	咸面包、窝头	35
各种挂面	25	生面条、魔芋	35
燕麦片、荞麦面	25	苏打饼干	25
干粉条、干莲子	25	鲜玉米棒（中等大，带棒心）	200

适合坐月子期间食用的等值油脂类食物交换表
每交换1份油脂类（包含坚果类），提供脂肪6克、热量90千卡

食物名称	重量（克）	食物名称	重量（克）
各种植物油	10	核桃、杏仁	15
各种动物油	10	花生	15

适合坐月子期间食用的等值大豆类食物交换表

每交换1份大豆类，提供蛋白质9克、脂肪4克、热量90千卡

食物名称	重量（克）	食物名称	重量（克）
腐竹	20	北豆腐	100
黄豆	25	南豆腐	150
豆腐干	50	豆浆（按1份豆8倍水打豆浆）	400

适合坐月子期间食用的等值奶类食物交换表

每交换1份奶类，提供蛋白质5克、脂肪5克、碳水化合物6克、热量90千卡

食物名称	重量（克）	食物名称	重量（克）
奶粉	20	牛奶	160
脱脂奶粉	25	无糖酸奶	160

适合坐月子期间食用的等值水果类食物交换表

每交换1份水果类，提供蛋白质1克、碳水化合物21克、热量90千卡

食物名称	重量（克）	食物名称	重量（克）
苹果、桃子	200	葡萄	200
柚子、橙子、橘子	200	草莓	300
圣女果	350	樱桃	200
猕猴桃	150	番石榴	200

食物交换原则

交换原则为同类和同类互换，因为同类食物的营养价值是相近的。如果和不同种类的食物互换，只能做到热量相同，但很容易造成某些营养素不足。比如把50克瘦肉换成200克水果，热量虽然相同，营养却大不一样：瘦肉中含蛋白质、铁等营养素，水果中主要含维生素和膳食纤维，但蛋白质含量是非常低的。所以，在饮食中不仅要考虑能量摄入，还要考虑营养配比，以达到营养全面、均衡的目的。

敬告读者

　　本书旨在为广大读者科普营养配餐和食谱制作知识，仅作为您的日常参考读本，并非专业医疗手册，不能代替医生开具治疗处方。如果您怀疑自己身患疾病，建议及时找专业医生诊断治疗。

　　另外，书中提供的每道菜的制作量不代表食用量，具体请根据自身实际情况作调整。

跟**钟燕**学做

糖妈

月子餐

第二章

产后28天，
糖妈的一日六餐这样吃

产后第一周饮食这样安排

日期	早餐	早加餐	午餐	午加餐	晚餐	晚加餐
第1天	山药瘦肉蔬菜粥	莲藕红豆粥	菌汤鸡丝荞麦面	玉米面粥	平菇小米蛋花粥	瘦肉冬瓜汤
第2天	鸭血粉丝汤	紫菜小馄饨	二米饭、丝瓜肉丝汤、肉末蒸蛋羹、清炒紫甘蓝	南瓜蒸百合	麦片米饭、紫菜蛋花汤、芙蓉鸡丝、白灼生菜	无糖银耳莲子汤
第3天	三鲜饺子	麦片水果羹	杂粮饭、益母草瘦肉汤、杏鲍菇彩椒炒鸡片、香油红苋菜	黑豆豆浆	二米饭、茭白炒蛋、赤小豆乳鸽汤、香油菠菜	葛根粉
第4天	鹌鹑蛋、蒸山药、纯牛奶、烫青菜	鸡蛋嫩玉米羹	藜麦饭、丝瓜鸡蛋汤、滑炒黑鱼片、香菇炒油菜	苹果	杂粮饭、菠菜猪肝瘦肉汤、小米蒸排骨、白灼菜心	花生薏米汤
第5天	鱼片蔬菜小米燕麦粥	肉末豆腐花	玉米山药饭、白菜鸡肉丸汤、莴笋木耳炒肉片、清炒双色菜花	猕猴桃	杂粮饭、萝卜龙骨汤、银耳炒鸡胸肉、香油红苋菜	红豆薏米汤、鹌鹑蛋
第6天	豆浆、蔬菜包	无糖藕粉、坚果	藜麦饭、菠菜鸡蛋汤、金针莴笋炒肉丝、香菇扒油菜	草莓	黑豆黑米杂粮饭、冬瓜薏米排骨汤、海鲜菇炒鸡柳、上汤芥蓝	牛奶、麦片
第7天	芹菜肉丝蛋花粥	红薯红豆汤	苹果银耳瘦肉汤、黄豆芽炒鸡丝、二米饭、清炒鸡毛菜	番石榴	香菇炒肉片、清炒冬瓜片、杂粮饭、菠菜鱼片汤	无糖五红汤

山药瘦肉蔬菜粥

营养分析小卡片
- 热量165.0千卡
- 碳水化合物15.1克
- 蛋白质12.8克
- 脂肪6.23克

原料

山药50克，瘦肉50克，大米10克，青菜50克，盐、香油各适量

做法

1. 山药洗净、去皮、切块，用。瘦肉洗净切片。青菜洗净切碎，备用。
2. 锅内加入清水，放入洗净的大米煲熟，加入山药煮软；再加入瘦肉和青菜煮熟；出锅前，放入盐和香油调味即可。

营养功效

此粥具有健脾养胃、宁心安神、提高免疫力的作用。除了适合坐月子期间吃，老人、孩子等人群也很适合吃。

钟老师小叮咛

山药属根茎类食物，淀粉含量较高，糖妈平时食用要当作主食用，不要当菜食用。另外，大米也不宜煲得太烂。

莲藕红豆粥

🍲 原料

莲藕50克，红豆10克，大米10克

🥄 做法

1 红豆用清水泡发4～5小时；莲藕洗净去皮，切成片状。
2 将红豆放入锅中，加水略煮；再加入莲藕、大米，一起煮至熟即可。

🍮 营养功效

　　这道粥具有补血养血、健脾养胃、利尿消肿等功效，非常适合新妈妈食用。

钟老师小叮咛

　　莲藕是根茎类食物，富含淀粉，糖妈要将其当主食吃；红豆一定要提前泡发，否则难以煮软。

营养分析小卡片
- 热量90.5千卡
- 碳水化合物19.8克
- 蛋白质3.4克
- 脂肪0.3克

菌汤鸡丝荞麦面

营养分析小卡片
- 热量354.0千卡
- 碳水化合物39.7克
- 蛋白质17.2克
- 脂肪15.0克

原料

鸡肉50克，荞麦面50克，胡萝卜20克，金针菇20克，青菜50克，姜丝、食用油、盐、香油各适量

做法

1. 鸡肉洗净切丝；胡萝卜洗净切丝；金针菇切除根部，洗净；青菜洗净备用。
2. 热锅放食用油，放入鸡肉、胡萝卜炒出香味，加入适量清水，煮熟后调入盐、香油，即成汤料。
3. 另起锅烧开水，放入荞麦面和金针菇、姜丝煮熟，捞出放入碗中，浇入第2步煮好的汤料即可。

营养功效

这款菌汤鸡丝荞麦面热量低，含有丰富的蛋白质和膳食纤维，能改善便秘和预防肥胖，是糖尿病人群的理想食物。

钟老师小叮咛

如果一次性食用大量荞麦面，容易导致消化不良、胃胀。因此，一次的食用量不宜过多。吃金针菇时要细嚼慢咽，不能一次吃太多，否则不利于消化吸收。

玉米面粥

原料

玉米面粉30克，小麦粉10克，赤小豆10克，芹菜叶适量

做法

1 赤小豆提前泡发6小时；芹菜叶洗净备用。
2 锅中加适量清水，放入小麦粉、赤小豆煮软。
3 玉米面粉用少量清水搅拌均匀成糊，备用。
4 把搅拌好的玉米面糊慢慢倒入第2步的锅内，边倒边搅拌，以防粘锅，煮到呈浓稠状，撒入芹菜叶即可。

营养功效

此粥含有丰富的蛋白质、膳食纤维、维生素、卵磷脂等多种营养成分，具有健脾养胃、利尿消肿、防止便秘的作用。

营养分析小卡片
- 热量172.4千卡
- 碳水化合物35.8克
- 蛋白质5.6克
- 脂肪1.5克

钟老师小叮咛

做玉米面粥给糖尿病人群吃时，应尽量熬煮至干一点，可以减缓消化及吸收的速度，以利于稳定血糖。

平菇小米蛋花粥

营养分析小卡片
- 热量164.5千卡
- 碳水化合物17.1克
- 蛋白质8.7克
- 脂肪7.0克

原料

平菇20克，小米20克，鸡蛋1个，盐、香油、枸杞子各适量

做法

1. 平菇洗净撕成小朵；鸡蛋打散备用。
2. 小米洗净，放入砂锅内，加入适量清水，大火烧开；再转小火慢煮至熟，放入平菇继续煮2分钟，倒入鸡蛋液搅起至呈蛋花状；调入盐、香油和枸杞子即可。

营养功效

小米是传统的月子食材，具有健脾养胃、益气补虚的作用。平菇含有丰富的氨基酸；鸡蛋含有丰富的蛋白质、铁、钙等营养成分。三者搭配在一起，营养全面均衡。

钟老师小叮咛

小米营养虽好，但属凉性食物，熬成粥后如果食用过量，也容易导致血糖水平升高。因此，需要合理搭配和适量食用。肾功能不全，或对菌类过敏者，要去掉平菇。

瘦肉冬瓜汤

原料

瘦肉30克，冬瓜100克，盐、香油、姜丝、枸杞子各适量

做法

1 瘦肉洗净切片；冬瓜去皮洗净切块。

2 冬瓜、姜丝放入砂锅内，加适量清水煮熟；再放入瘦肉煮至变色；调入盐，滴入少量香油，点缀上枸杞子即可。

营养功效

　　冬瓜具有利尿消肿、化痰止咳、降脂减肥的作用。

营养分析小卡片
- 热量73.9千卡
- 碳水化合物2.4克
- 蛋白质6.5克
- 脂肪14.5克

钟老师小叮咛

　　冬瓜性凉，脾胃虚寒的糖妈要少吃。

鸭血粉丝汤

原料

鸭血50克，瘦肉20克，龙口粉丝50克，青菜50克，姜丝、盐、香油、食用油、葱花各适量

营养功效

鸭血含有丰富的铁、钙等营养素，有补血止血、清热解毒等作用，还具有预防缺铁性贫血等功效，是产后新妈妈理想的月子食材。

做法

1. 鸭血切片；瘦肉切薄片；龙口粉丝浸泡至软；青菜洗净备用（用少许胡萝卜丝装饰）。

2. 起热锅加少量食用油，下入姜丝爆香，加入适量清水，煮开后调入适量盐，依次加入龙口粉丝、鸭血、瘦肉、青菜煮熟；滴入少量香油，起锅后撒上葱花即可。

钟老师小叮咛

龙口粉丝由绿豆制成，适量进食，不容易导致血糖波动；但如果选用土豆、红薯或大米制成的粉丝，其淀粉含量相对较高，进食后较容易引起血糖波动。因此，糖妈在选用粉丝时，一定要先看一下成分表。另，使用粉丝时需充分煮熟，细嚼慢咽，一次进食量不能多，以利于消化吸收。

营养分析小卡片
- 热量326.1千卡
- 碳水化合物43.2克
- 蛋白质11.4克
- 脂肪111.9克

肉末蒸蛋羹

原料

瘦肉末20克，鸡蛋2个（小），盐、香油、葱花、食用油各适量

做法

1 碗中打入鸡蛋，加适量盐、香油、1.5倍的清水，搅拌均匀，用过滤网滤掉泡沫，备用。

2 锅中烧水，水开后调成小火，放入鸡蛋蒸熟。

3 起热锅放食用油，放入瘦肉末炒香，加入盐、香油调味。

4 把炒好的瘦肉末放在蒸好的鸡蛋上，撒上葱花即可。

营养功效

从古到今，鸡蛋都是滋补身体的佳品，含有丰富的蛋白质、铁、钙等营养物质，具有养心安神、补血益气、滋阴润燥等功效，是月子餐中常用的食材。

营养分析小卡片
- 热量214.6千卡
- 碳水化合物2.4克
- 蛋白质17.2克
- 脂肪15.2克

钟老师小叮咛

蒸鸡蛋羹时切忌用猛火，否则很容易蒸至起泡，影响口感。

清炒紫甘蓝

营养分析小卡片
- 热量82.4千卡
- 碳水化合物9.3克
- 蛋白质1.8克
- 脂肪5.3克

原料

紫甘蓝150克，黄彩椒丝、葱白末、盐、食用油、香油各适量

做法

1 紫甘蓝洗净，切成细丝备用。
2 热锅放食用油，放入葱白末炒香，下入紫甘蓝丝急火快炒至熟，调入少量盐和香油，点缀上黄彩椒丝即可。

钟老师小叮咛

紫甘蓝质地很硬，在制作月子餐时要尽量切成细丝，否则口感较差。

营养功效

紫甘蓝含有丰富的花青素、维生素C、维生素E、B族维生素、膳食纤维等多种营养素，是高血压、糖尿病宝妈的优选食物。

南瓜蒸百合

🍲 原料

南瓜100克，鲜百合20克，枸杞子适量

🍳 做法

1　南瓜去皮切菱形块，鲜百合洗净备用。
2　锅中烧开水，先放入南瓜蒸7分钟，再放入
　　百合和枸杞子蒸3分钟即可。

🍵 营养功效

　　南瓜含有丰富的微量元素和维生素，具
有促进消化、补中益气等作用；百合是一种
药食同源的食材，有养心安神、润肺止咳的
功效。两者搭配，相得益彰。

营养分析小卡片

- ◎ 热量156.2千卡
- ◎ 碳水化合物13.1克
- ◎ 蛋白质1.3克
- ◎ 脂肪0.1克

钟老师小叮咛

　　糖妈食用南瓜时，要将
之当成主食，而不要当菜吃；
百合虽好，但也不是吃得越多
越好，一定要掌握好量，否
则易使血糖波动较大。

紫菜蛋花汤

🍲 原料

鸡蛋1个，紫菜10克，虾皮、葱、盐、香油各适量

🍴 做法

1 鸡蛋打散，紫菜撕碎；葱洗净，切成葱花备用。

2 锅中加适量清水烧开，放入虾皮和紫菜煮熟，倒入鸡蛋液，搅拌呈蛋花状。

3 出锅前，调入盐，撒上葱花，滴入香油即可。

🍳 营养功效

此汤味道鲜美，含有丰富的钙、蛋白质等营养成分，具有提高免疫力、补充钙质的作用。

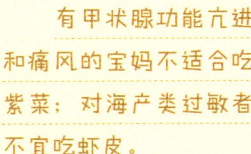

钟老师小叮咛

有甲状腺功能亢进和痛风的宝妈不适合吃紫菜；对海产类过敏者不宜吃虾皮。

营养分析小卡片

- ⊙ 热量112.5千卡
- ⊙ 碳水化合物5.6克
- ⊙ 蛋白质9.2克
- ⊙ 脂肪6.4克

芙蓉鸡丝

原料

鸡胸肉50克，荷兰豆50克，鸡蛋清1个，彩椒丝、姜丝、盐、食用油、香油各适量

做法

1 鸡胸肉洗净切丝，用姜丝、盐、香油调味备用。

2 荷兰豆撕去老筋，头尾剪开，洗净备用。

3 鸡蛋清内调入盐、香油备用。

4 锅中烧水，水开后加入食用油、盐，放入鸡胸肉丝余烫10秒捞出，放至鸡蛋清内；放入荷兰豆焯熟，摆入盘中。

5 热锅放食用油，倒入鸡蛋清、鸡胸肉丝滑熟起锅，放在荷兰豆上，点缀彩椒丝即可。

营养功效

鸡胸肉和鸡蛋清中含有丰富的优质蛋白质，可以促进伤口愈合，修复受损的细胞。搭配富含维生素和膳食纤维的荷兰豆同食，具有预防便秘、提高免疫力的作用。

钟老师小叮咛

脾胃虚寒导致经常腹泻和胃肠胀气的宝妈要少吃荷兰豆。

营养分析小卡片
- 热量134.0千卡
- 碳水化合物3.5克
- 蛋白质16.5克
- 脂肪6.1克

麦片水果羹

原料

蓝莓2颗，苹果粒50克，无糖即食燕麦片20克，无糖酸奶1小杯（100克）

做法

1. 苹果粒中加入适量温热的纯净水。
2. 无糖酸奶倒入碗中搅拌均匀，撒上燕麦片，用蓝莓点缀即可。

营养功效

　　蓝莓含有丰富的花青素，有保护视力、改善血管弹性、保护大脑神经和增强免疫力的作用。酸奶有调节肠道菌群平衡、改善乳糖不耐受、提高免疫力的作用。燕麦片富含膳食纤维，饱腹感强，是糖妈较理想的主食之一。

营养分析小卡片

- 热量170.0千卡
- 碳水化合物26.1克
- 蛋白质6.5克
- 脂肪4.2克

钟老师小叮咛

　　酸奶不能从冰箱中拿出即直接使用，要放至常温状态下再用（不同季节的气温不同，要把握好解冻时间，防止变质）。燕麦片要选纯燕麦片，不要选口味香甜的速溶混合麦片，否则容易升高血糖。购买前一定要看清楚配料表。

杂粮饭

营养分析小卡片
- 热量329.0千卡
- 碳水化合物70.1克
- 蛋白质9.6克
- 脂肪1.6克

原料

藜麦5克，薏米5克，燕麦5克，黑米5克，糙米5克，红豆10克，小米10克，大米50克

做法

1. 薏米、燕麦、黑米、糙米、红豆均浸泡6～8小时，藜麦浸泡2小时。
2. 把以上泡好的杂粮洗净，和小米、大米混合在一起，加入适量清水，用电饭锅煮熟或用蒸锅蒸熟即可。

营养功效

杂粮饭中含有丰富的B族维生素、膳食纤维等，相比纯白米饭，它的升糖指数（GI值）比较低，是糖妈妈理想的主食之一。

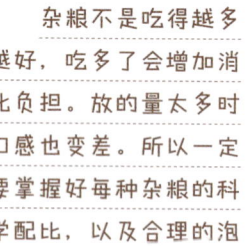

钟老师小叮咛

杂粮不是吃得越多越好，吃多了会增加消化负担。放的量太多时口感也变差。所以一定要掌握好每种杂粮的科学配比，以及合理的泡法和烹调方法。

产后第一周·第3天 午餐

益母草瘦肉汤

原料

干益母草10克，瘦肉50克，老姜1小片，盐适量

做法

1 瘦肉洗净切片，干益母草洗净备用。

2 瘦肉和益母草放入炖盅内，加入老姜片和适量清水；整个炖盅放至蒸锅内，大火煲半小时，再转小火煲1小时。

3 煲好，调入盐，即可食用。

营养功效

此汤有促进子宫收缩、帮助恶露排出的作用。

钟老师小叮咛

恶露较多的新妈妈不宜饮用此汤。食用这款汤的时间建议不超过1周。

营养分析小卡片

- 热量76.5千卡
- 碳水化合物0.1克
- 蛋白质10.4克
- 脂肪3.9克

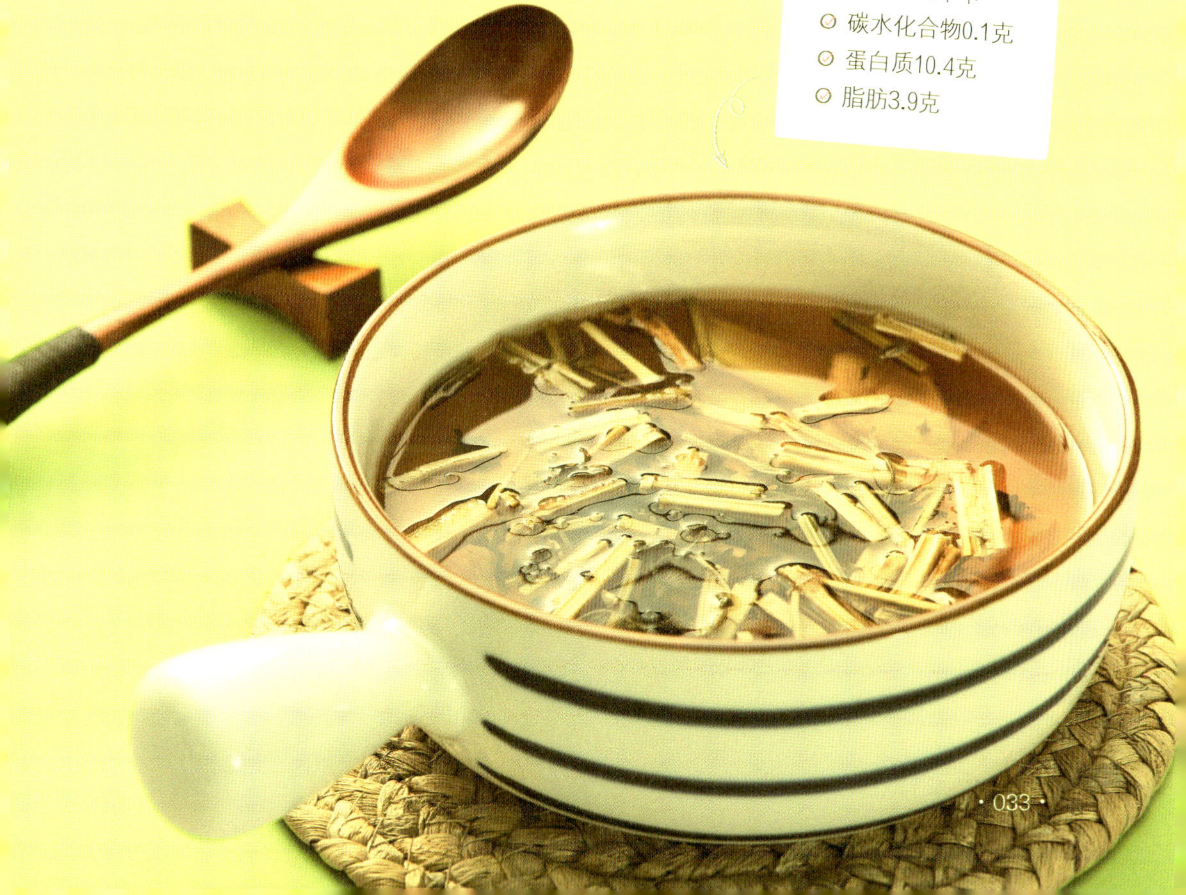

杏鲍菇彩椒炒鸡片

营养分析小卡片
- 热量184.0千卡
- 碳水化合物8.6克
- 蛋白质13.6克
- 脂肪11.1克

原料

杏鲍菇100克，鸡胸肉50克，彩椒、盐、食用油、香油、姜片、葱段各适量

做法

1. 鸡胸肉洗净切片，在开水中汆烫至八成熟，捞出控水。
2. 杏鲍菇洗净切片，彩椒洗净切片。二者焯水备用。
3. 热锅放食用油，下入姜片、葱段爆香，再下鸡胸肉和第2步的配菜，加入盐炒至熟透，滴入香油，一起翻炒均匀即可。

营养功效

　　杏鲍菇含有丰富的氨基酸、寡糖和膳食纤维，有提高免疫力、促进消化吸收、润肠通便、排毒养颜的作用。与蛋白质含量高的鸡胸肉搭配食用，味道更鲜美，营养更丰富。

钟老师小叮咛

　　对菌菇类过敏的人群慎食此菜。杏鲍菇含草酸，烹制时最好先焯水，可以有效去除部分草酸。

茭白炒蛋

原料

鸡蛋2个，茭白1小条（200克），青彩椒、红彩椒、盐、食用油、香油、葱花各适量

做法

1. 茭白去老皮，切菱形薄片，焯水备用；青彩椒、红彩椒切丁；鸡蛋加盐、香油、葱花、彩椒丁，搅散备用。
2. 热锅放食用油，把鸡蛋液滑熟捞出。
3. 锅内再放入少量食用油，下入茭白片、彩椒丁炒熟，加入少量盐翻炒均匀；再倒入第2步的鸡蛋，滴入香油炒匀即可。

营养功效

茭白含有丰富的蛋白质、膳食纤维和多种人体必需氨基酸，有通乳、生津、止渴、利尿、除湿等功效，是糖尿病人群和哺乳期妈妈的理想食材。

钟老师小叮咛

茭白草酸含量较高，烹制时要先焯水，以去除部分草酸。

营养分析小卡片
- 热量281.0千卡
- 碳水化合物14.2克
- 蛋白质15.5克
- 脂肪19.0克

赤小豆乳鸽汤

营养分析小卡片
- 热量625.2千卡
- 碳水化合物19.0克
- 蛋白质23.0克
- 脂肪51.3克

原料

赤小豆30克，乳鸽1只（150克），姜片、葱段、枸杞子、盐各适量

做法

1. 赤小豆用温水浸泡8小时，洗净备用。
2. 乳鸽去肥油、去皮，用姜葱水氽水备用。
3. 炖盅内放入乳鸽、赤小豆、姜片，加入适量清水，隔水大火炖半小时；再转小火炖1小时左右，调入少量盐，用葱段、枸杞子装饰即可。

营养功效

赤小豆乳鸽汤的营养非常丰富。赤小豆有补血养血、健脾祛湿、利水消肿的作用；乳鸽含有丰富的蛋白质，有促进伤口愈合、修复产后瘢痕、提高免疫力的作用。

钟老师小叮咛

夜尿多、肾功能不全等人群不宜喝此汤。乳鸽实际烹调时要去皮、去油，因考虑到拍摄图片的美观度，没有去除。

鸡蛋嫩玉米羹

原料

鸡蛋1个，嫩玉米50克，枸杞子、盐、香油各适量

做法

1 嫩玉米剥粒洗净，用刀剁成半碎状；鸡蛋打散备用。

2 锅中加入适量清水，放入嫩玉米碎煮熟，下入鸡蛋液搅起至呈蛋花状，加入少量盐，滴入几滴香油，点缀上枸杞子即可。

营养功效

鸡蛋嫩玉米羹的口感爽脆、味道清香，含有丰富的蛋白质、维生素和膳食纤维，非常适合宝妈作为加餐食用。

钟老师小叮咛

消化系统功能不好的人群不要食用过多玉米，因为玉米属于粗粮，食用过多会增加胃肠道负担。

营养分析小卡片
- 热量170.5千卡
- 碳水化合物12.6克
- 蛋白质8.6克
- 脂肪9.9克

丝瓜鸡蛋汤

营养分析小卡片
- 热量147.5千卡
- 碳水化合物13.2克
- 蛋白质10.5克
- 脂肪6.9克

原料

鸡蛋1个，丝瓜1条（300克），姜丝、枸杞子、盐、香油各适量

做法

1. 丝瓜去皮，切滚刀块，用盐水浸泡，防止变色。
2. 鸡蛋打散，放入油锅中煎成蛋皮，用锅铲铲成块状，捞起备用。
3. 用锅中余油爆香姜丝，把丝瓜略炒一下；加入开水，倒入鸡蛋块煮2分钟；调入盐、香油，撒上枸杞子即可。

营养功效

丝瓜中的丝瓜络有疏通乳腺的作用，与鸡蛋搭配同食，不仅味道更鲜美，也能促进乳汁分泌，适合月子期间经常食用。此汤也是糖妈的优选菜品。

钟老师小叮咛

丝瓜属寒性食材，脾胃虚寒的宝妈要注意控制食用量。

滑炒黑鱼片

🍲 原料

干黑木耳10朵（10克），黑鱼肉150克，彩椒片、盐、姜丝、葱段、香油、鸡蛋清、食用油、生粉各适量

🥄 做法

1. 黑鱼肉洗净切片，用盐、姜丝、葱段、香油、鸡蛋清、生粉码味备用。

2. 干黑木耳用温水泡发，择洗干净。

3. 起锅烧水，水开后放入食用油、盐，放入黑木耳、彩椒片焯水备用；再下入黑鱼片烫熟备用。

4. 热锅放食用油，下入姜丝、葱段爆香，下入焯好水的黑木耳和彩椒片，加入盐翻炒均匀；再下入黑鱼片，滴入香油，翻炒均匀即可。

💗 营养功效

此菜口感滑嫩、爽脆，颜色靓丽、有食欲，含有丰富的蛋白质、维生素、铁、膳食纤维等营养成分，营养均衡，有补充蛋白质、促进伤口愈合的作用，非常适合糖妈食用。

👨‍🍳 钟老师小叮咛

黑鱼一定要选用鲜活现宰的，不宜选用冰冻的。

营养分析小卡片
- 热量289.6千卡
- 碳水化合物14.9克
- 蛋白质32.5克
- 脂肪12.1克

菠菜猪肝瘦肉汤

🐟 原料

猪肝20克，瘦肉20克，菠菜100克，枸杞子、姜丝、盐、葱段、香油各适量

🍳 做法

1. 猪肝切片、洗净血水、沥干；瘦肉洗净切片，用盐、香油、葱段、姜丝调味备用；菠菜洗净切段备用。

2. 起锅烧水，调入盐，水开后，放入调好味的猪肝、瘦肉，煮熟关火。

3. 另起锅烧水，水开后放入香油、盐，放入菠菜焯水，放至第2步的猪肝瘦肉汤内，撒入枸杞子即可。

🍵 营养功效

猪肝含有丰富的铁、维生素A和蛋白质等多种营养成分，与瘦肉及菠菜搭配，有补血补铁、养肝明目、帮助恶露排出的作用。

钟老师小叮咛

糖妈在坐月子期间可以适量吃猪肝补充营养，但猪肝的胆固醇含量较高，每次食用量不宜过多，每次控制在50克以内为宜。

营养分析小卡片
- 热量101.8千卡
- 碳水化合物4.9克
- 蛋白质10.6克
- 脂肪4.8克

小米蒸排骨

营养分析小卡片
- 热量634.0千卡
- 碳水化合物45.7克
- 蛋白质31.2克
- 脂肪38.0克

原料

小米50克，排骨150克，西蓝花100克，鸡蛋清、姜丝、葱段、食用油、香油、生抽、盐各适量

做法

1 小米用温水浸泡3小时后，沥干水分备用。

2 排骨剁成块，洗净沥干水分，用盐、生抽、鸡蛋清、姜丝、葱段、香油码味备用。

3 西蓝花切成小朵后洗净；锅中水开后加入食用油、盐，放入西蓝花焯熟，捞出沥干水，趁热加香油、盐拌匀备用。

4 排骨均匀地裹上浸泡好的小米，摆入盘中，上蒸锅，用中火蒸30分钟至排骨熟软取出，中间摆上西蓝花即可。

营养功效

小米是传统的月子常用食材，含有丰富的维生素A、维生素B_1、维生素B_2、蛋白质、钙、铁、锌等多种营养物质，有补脾胃、滋阴养血、镇静安神、抗菌消炎的作用。与排骨搭配时，小米会吸收排骨的香味，使整个菜品味道香浓，营养更丰富。

钟老师小叮咛

排骨宜选用新鲜的；小米要浸泡足够时间。

产后第一周·第4天 晚餐

白灼菜心

原料

菜心150克，鲜虫草花10克，瘦肉丝20克，姜丝、食用油、盐、香油各适量

做法

1 菜心去老叶、菜头，洗净；虫草花洗净泡发备用。

2 锅内烧水，水开后放入食用油、盐，下入菜心焯熟，摆入盘中。

3 热锅放少量食用油，放入姜丝和瘦肉丝炒香，加入适量清水；放入虫草花煮熟，调入盐和香油搅匀成汤汁，最后浇在菜心上即可。

营养功效

菜心含有丰富的钙、维生素和膳食纤维；虫草花含有丰富的氨基酸，能增强人体免疫力；加入瘦肉丝烹制，使整个菜品味道更鲜美，营养更丰富。

钟老师小叮咛

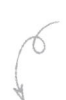

此菜不宜长时间烹煮；有腹泻症状的宝妈不宜多吃。

营养分析小卡片

- 热量183.4千卡
- 碳水化合物12.1克
- 蛋白质9.6克
- 脂肪11.9克

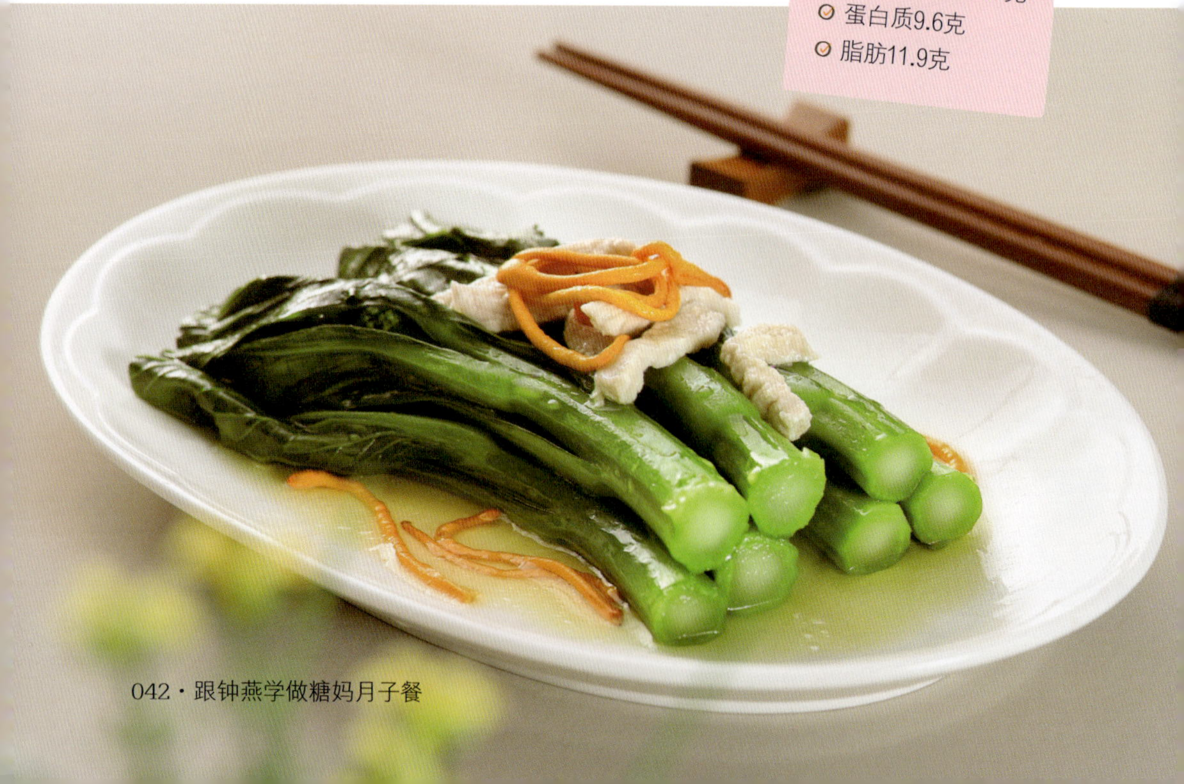

肉末豆腐花

原料

黄豆150克，内酯3克，瘦肉末20克，姜末、枸杞子、盐、香油、食用油各适量

做法

1. 黄豆提前浸泡6小时，用破壁机加清水1400毫升打成豆浆，过滤后倒入锅内烧开。

2. 内酯用清水化开，放入洁净容器内，冲入烧开的豆浆，盖上盖子，静置15分钟左右，嫩滑的豆腐花即成。

3. 热锅放食用油，放入瘦肉末、姜末炒香，调入盐、香油翻炒均匀。

4. 盛出一碗豆腐花，铺上炒好的瘦肉末，撒入枸杞子即可。

营养分析小卡片

- 热量741.2千卡
- 碳水化合物51.3克
- 蛋白质55.5克
- 脂肪40.0克

营养功效

　　肉末豆腐花口感嫩滑、味道香浓，蛋白质、钙、锌等营养成分含量都非常丰富，有促进伤口愈合、补充钙质、提高免疫力的作用。

钟老师小叮咛

　　糖妈如果出现糖尿病肾病，或合并高尿酸血症，就要少吃或不吃豆制品。

白菜鸡肉丸汤

原料

鸡胸肉50克，白菜100克，鸡蛋清、盐、生粉、香油、姜末、葱末各适量

做法

1. 鸡胸肉剁碎，用鸡蛋清、盐、生粉、香油、姜末、葱末按顺时针方向搅拌至起胶，成鸡肉丸子。

2. 白菜洗净切成段。

3. 锅中烧水，待水微开时，下入鸡肉丸子；待鸡肉丸子全部飘起时，下白菜段煮熟，调入盐和香油，撒上葱末即可。

营养功效

此汤清淡不油腻，味道鲜美。具有补充优质蛋白质、清热解毒、利尿通便等功效，可以帮助宝妈产后瘦身、预防便秘。

钟老师小叮咛

脾胃虚寒导致经常腹泻的宝妈不宜食用过多。

营养分析小卡片
- 热量201.0千卡
- 碳水化合物8.7克
- 蛋白质16.9克
- 脂肪11.2克

莴笋木耳炒肉片

原料

瘦肉50克，干黑木耳10克，莴笋100克，胡萝卜、姜片、葱段、盐、食用油、香油、生粉各适量

做法

1. 瘦肉洗净切片，用盐、姜片、葱段、香油、生粉码味备用；干黑木耳提前泡发洗净；莴笋切片，胡萝卜切片备用。

2. 锅中加入适量清水，水开后加入食用油、盐，下入黑木耳、莴笋、胡萝卜焯水备用。

3. 热锅放食用油，下入瘦肉片滑至八成熟捞出；下入第2步的配菜，调入盐炒匀，放瘦肉片，滴入香油炒匀即可。

营养分析小卡片

- 热量225.0千卡
- 碳水化合物13.6克
- 蛋白质12.6克
- 脂肪14.2克

营养功效

此菜清淡爽口、营养丰富。莴笋中的烟酸是胰岛素的激活剂，有调节血糖的作用；与黑木耳和瘦肉搭配，具有通乳、补铁补血、预防便秘等功效，糖妈可以经常食用。

钟老师小叮咛

脾胃虚寒的宝妈不宜食用过多莴笋。

清炒双色菜花

📖 原料

菜花100克，西蓝花100克，胡萝卜、姜片、盐、食用油、香油各适量

🍳 做法

1. 菜花切成小朵洗净；西蓝花切成小朵洗净；胡萝卜切菱形片备用。
2. 锅中加入适量清水，水开后加入食用油、盐，放入菜花、西蓝花、胡萝卜，焯熟捞出备用。
3. 热锅放食用油，下姜片爆香，放入第2步焯熟的蔬菜，调入盐、香油，翻炒均匀即可。

♂ 营养功效

　　菜花中的维生素和膳食纤维含量均非常高，而且属于低糖蔬菜，坐月子期间可适量食用。

钟老师小叮咛

　　食用过多菜花容易引起胀气，在刚生产完的头两天，特别是剖腹产的新妈妈应少吃或不吃。

营养分析小卡片
- 热量91.9千卡
- 碳水化合物7.9克
- 蛋白质5.2克
- 脂肪5.8克

萝卜龙骨汤

营养分析小卡片
- 热量310.0千卡
- 碳水化合物8.7克
- 蛋白质18.1克
- 脂肪23.3克

原料

白萝卜200克，龙骨200克，姜片、盐、葱花各适量

做法

1. 白萝卜去皮、洗净、切块、备用。
2. 龙骨洗净，放入冷水锅中，汆去血水备用。
3. 砂锅内放入龙骨、白萝卜、姜片，加入适量清水，大火煲开；再转小火煲至熟软，调入盐，撒上葱花即可。

营养功效

白萝卜具有助消化、润肺止咳、利尿通便的作用。一般建议在坐月子前期适量食用，因为它可以起到通气、排气的作用。与龙骨搭配，味道鲜美，清淡不油腻。

钟老师小叮咛

白萝卜性凉，坐月子的宝妈不宜吃太多。应注意煲制的时间不宜过长，龙骨也不宜放太多。煲出来的汤色是比较清澈的，如果煲出来的汤色浑浊油腻，则不适合糖妈食用。

银耳炒鸡胸肉

🐟 原料

干银耳10克，鸡胸肉100克，彩椒片、姜片、葱段、盐、香油、食用油各适量

🍳 做法

1. 干银耳提前泡发，去除根部，撕成小朵，泡发洗净。
2. 鸡胸肉洗净，切片备用。
3. 锅中烧水，水开后放入鸡胸肉汆烫至熟捞出；再放入银耳、彩椒片焯水备用。
4. 热锅放食用油，放入姜片、葱段爆香，再下入鸡胸肉及第3步的配菜，调入盐翻炒均匀，滴上香油，充分炒匀即可。

🍎 营养功效

此菜清淡营养，有补益肺气、养阴润燥的功效，特别适合阴虚上火的宝妈食用。

👨‍🍳 钟老师小叮咛

银耳性寒凉，有风寒咳嗽的宝妈先不要食用这道菜。

营养分析小卡片
- 热量251.6千卡
- 碳水化合物11.6克
- 蛋白质25.7克
- 脂肪12.0克

藜麦饭

原料

藜麦15克，大米50克，玉米粒20克

做法

1 藜麦用清水先浸泡2小时，洗净备用。

2 大米和玉米粒洗净备用。

3 3种食材一起放入电饭锅，加入适量清水，按下煮饭键煮熟即可。

营养功效

藜麦是一种健康的粗粮谷物，具有保护心血管、预防便秘的作用；同时是糖尿病人群的优选食物，对控糖有帮助。

营养分析小卡片

- 热量249.0千卡
- 碳水化合物51.8克
- 蛋白质6.9克
- 脂肪1.6克

钟老师小叮咛

藜麦属于粗粮，如大量食用，不利于消化吸收。作为月子餐主食时，最好和大米进行1：1分量的搭配。

金针莴笋炒肉丝

🍲 原料

干金针菜20克，莴笋100克，瘦肉50克，彩椒丝、姜丝、葱段、盐、鸡蛋清、香油、生抽、食用油、生粉各适量

🍴 做法

1 干金针菜提前泡发，去除头尾；莴笋洗净切丝；瘦肉切丝，用盐、姜丝、葱段、生抽、鸡蛋清、生粉码味备用。

2 锅中烧水，水开后放入食用油、盐，下金针菜、莴笋丝、彩椒丝，焯水备用。

3 热锅放食用油，放入瘦肉丝滑至八成熟控油捞出备用，下入第2步的配菜，调入盐炒匀；再下入瘦肉丝翻炒至熟，最后滴入香油炒匀即可。

🍎 营养功效

此菜中的金针菜、莴笋、瘦肉都是月子餐中常用的食材。金针菜具有镇静、安神、通乳等功效。莴笋是糖尿病人群的优选食材，有改善糖代谢的作用，糖妈可经常食用。

钟老师小叮咛

有哮喘，以及脾胃虚寒导致经常腹泻的人群要少食金针菜和莴笋。

营养分析小卡片

- ⊙ 热量273.0千卡
- ⊙ 碳水化合物18.0克
- ⊙ 蛋白质17.0克
- ⊙ 脂肪14.4克

香菇扒油菜

🍲 原料

鲜香菇50克，油菜100克，胡萝卜丝、姜片、盐、生抽、食用油、香油各适量

🍳 做法

1 鲜香菇去蒂洗净，切十字花刀；油菜摘去老叶，洗净，在头部划十字刀，插入胡萝卜丝备用。

2 锅中烧水，水开后加入食用油、盐，分别放入油菜和香菇，焯熟备用。

3 热锅放食用油，爆香姜片，下入香菇、油菜，调入盐、生抽、香油翻炒均匀，起锅摆盘即可。

🍎 营养功效

　　香菇中含有丰富的香菇多糖，可以提高人体免疫力。油菜中含有丰富的钙、膳食纤维等营养成分，有补充钙质和预防便秘的作用。这两种食材均是糖尿病人群的优选食材，糖妈可以经常食用。

钟老师小叮咛

　　对菌类过敏或有消化不良的人群要避免吃这道菜。

营养分析小卡片
- 热量72.0千卡
- 碳水化合物4.6克
- 蛋白质2.4克
- 脂肪5.7克

冬瓜薏米排骨汤

原料

冬瓜200克，排骨150克，薏米20克，姜片、枸杞子、盐各适量

做法

1 冬瓜去皮洗净切块；排骨焯水备用。
2 砂锅内加入适量清水，先放入排骨、薏米、姜片煲30分钟；再放入冬瓜煲30分钟，调入适量盐，撒上枸杞子即可。

营养功效

此汤有利尿消肿、促进子宫收缩等作用。冬瓜是低升糖指数（GI值）的食物，很适合糖妈食用。

营养分析小卡片
- 热量387.0千卡
- 碳水化合物19.0克
- 蛋白质20.0克
- 脂肪26.4克

钟老师小叮咛

冬瓜属凉性食材，在烹制月子餐时注意放老姜进行中和，同时注意食用量，不宜一次食用过量。另在煲制带肉的汤品时，注意肉类的选材和用量，切不可煲得油腻黏稠，否则容易堵奶和升高血糖。

海鲜菇炒鸡柳

原料

海鲜菇50克，鸡胸肉50克，彩椒条20克，盐、老姜丝、葱段、食用油、香油各适量

做法

1 海鲜菇去头洗净，切成段。

2 鸡胸肉洗净切成条状。

3 锅中烧水，放入鸡胸肉汆烫至变色捞出；再下入海鲜菇、彩椒条、焯水捞出备用。

4 热锅放食用油，下入老姜丝、葱段爆香，放鸡胸肉和第3步的配菜，调入盐翻炒至熟，最后滴入香油，炒匀即可。

营养分析小卡片

- 热量170.0千卡
- 碳水化合物3.2克
- 蛋白质14.0克
- 脂肪11.0克

营养功效

此菜有补充优质蛋白质、提高免疫力的作用。

钟老师小叮咛

海鲜菇性寒，烹制时最好加入少量老姜、香油等进行中和。

上汤芥蓝

原料

芥蓝150克，老姜片、鸡汤、食用油、盐、枸杞子各适量

做法

1 芥蓝去老皮、老叶，洗净备用。
2 锅中烧水，水沸后加食用油、盐，下入芥蓝焯熟，捞出摆盘。
3 鸡汤内放入老姜片、盐调味，撒入枸杞子，煮熟后浇在芥蓝上即可。

营养功效

芥蓝口感爽脆，含糖量低，含有丰富的钙、维生素、膳食纤维等营养成分，有补充钙质、预防便秘等作用，适合糖妈在坐月子期间适量食用。

钟老师小叮咛

芥蓝性寒，烹制时注意要与老姜搭配，并且每次的用量不宜过多。

营养分析小卡片

- 热量36.0千卡
- 碳水化合物6.2克
- 蛋白质4.7克
- 脂肪0.5克

芹菜肉丝蛋花粥

营养分析小卡片
- 热量191.2千卡
- 碳水化合物17.6克
- 蛋白质12.4克
- 脂肪8.1克

原料

芹菜30克，瘦肉20克，鸡蛋1个，大米20克，盐、香油、姜丝各适量

做法

1 大米洗净后放入砂锅中，加适量清水，煲煮至熟。

2 芹菜洗净切粒；鸡蛋搅散；瘦肉洗净切丝，用盐、姜丝、香油码味备用。

3 大米粥内调入盐，先放入瘦肉丝煮熟；再倒入鸡蛋液搅起至呈蛋花状，撒入芹菜粒略煮即可。

营养功效

此粥含有丰富的蛋白质、维生素等营养成分，有增进食欲、提高免疫力的作用。

钟老师小叮咛

糖妈严控大米的用量，粥也不宜熬得太软烂，以免食用后引起血糖波动。

苹果银耳瘦肉汤

原料

苹果50克，干银耳20克，瘦肉50克，盐、枸杞子各适量

做法

1 干银耳提前泡发洗净，撕成小朵。
2 苹果洗净切块。
3 瘦肉洗净切片备用。
4 砂锅内放适量清水，下入银耳、苹果、瘦肉，先大火煲开，再转小火慢煲1小时左右，调入盐，放上枸杞子即可。

营养功效

此汤清润可口，有滋阴润燥、补益气血、健脾胃、提高免疫力的功效，非常适合坐月子期间食用。

钟老师小叮咛

此汤给糖妈食用时，苹果不宜放太多，银耳也不用熬煮得太烂，以免造成血糖升高。

营养分析小卡片

- 热量155.2千卡
- 碳水化合物20.3克
- 蛋白质12.6克
- 脂肪4.3克

黄豆芽炒鸡丝

原料

鸡胸肉50克，黄豆芽100克，彩椒20克，盐、姜丝、葱段、食用油、香油各适量

做法

1. 鸡胸肉洗净切丝，用盐、姜丝、葱段、香油码味备用。
2. 黄豆芽去除根部，洗净备用。
3. 彩椒洗净，切成条状备用。
4. 锅中烧水，水开后放食用油、盐，下入黄豆芽、彩椒焯水备用。
5. 热锅放食用油，下入鸡胸肉丝滑熟，捞出控油；锅内留少许油，下入黄豆芽、彩椒丝，调入盐翻炒均匀，再下入鸡胸肉丝，滴入香油炒匀即可。

营养分析小卡片

- 热量214.7千卡
- 碳水化合物6.2克
- 蛋白质14.9克
- 脂肪15.0克

营养功效

此菜爽口嫩滑，含有丰富的蛋白质、B族维生素、钙等营养成分，有益气补血、清热利湿等功效。

钟老师小叮咛

脾胃虚寒导致经常腹泻的人群要少食用黄豆芽。

香菇炒肉片

原料

瘦肉50克，鲜香菇100克，青彩椒30克，姜片、葱段、盐、香油、鸡蛋清、生抽、食用油、生粉各适量

做法

1 瘦肉洗净切片，用盐、鸡蛋清、生粉码味备用。

2 鲜香菇洗净切厚片，青彩椒洗净切片。

3 锅中烧水，水开后下入瘦肉汆烫至变色捞出；再下入香菇、青彩椒焯水。

4 热锅放少量食用油，下姜片、葱段爆香；再放入瘦肉片、香菇片和青彩椒片，调入盐、生抽充分翻炒至熟，最后滴入香油，混合炒匀即可。

营养分析小卡片

- 热量217.6千卡
- 碳水化合物11.4克
- 蛋白质13.0克
- 脂肪14.3克

营养功效

香菇是糖尿病人群的优选食材，与蛋白质、铁含量高的瘦肉搭配，不仅味道鲜美，还有提高免疫力的功效。

钟老师小叮咛

香菇中的草酸含量较高，烹调时最好先焯水；其中的嘌呤含量也较高，痛风人群要少吃。

菠菜鱼片汤

原料

鱼肉100克，菠菜50克，姜丝、葱段、盐、枸杞子、香油、食用油、鸡蛋清、生粉各适量

做法

1 鱼肉洗净切片，用姜丝、葱段、盐、香油、鸡蛋清、生粉码味备用。

2 锅中放入适量清水，水开后放入食用油、盐，下入菠菜焯水备用。

3 另起锅烧水，水开后放入盐调味，下入鱼片烫熟，关火；下入焯过水的菠菜，滴入香油，撒上枸杞子即可。

营养功效

此汤味道鲜美、鱼片嫩滑，有下奶、补充蛋白质的作用，非常适合坐月子期间食用。

钟老师小叮咛

菠菜中的草酸含量较高，烹制时要先焯水；腹泻人群要少食用菠菜。

营养分析小卡片

- 热量204.3千卡
- 碳水化合物7.3克
- 蛋白质20.9克
- 脂肪10.4克

产后第一周 · 第 7 天 晚加餐

无糖五红汤

原料

红豆20克，赤小豆20克，红皮花生仁30克，红米30克，枸杞子5克

做法

1 红豆、赤小豆、红皮花生仁、红米均提前泡发8小时。

2 砂锅内加适量清水，放入以上泡好的食材，先大火煲开，再转小火慢煲至熟，下入枸杞子略煲2分钟即可。

营养功效

此汤专为糖妈设计，既有补益气血的作用，也不易升高血糖。

钟老师小叮咛

食用豆类容易胀气，宝妈或宝宝（母乳喂养）有胀气的情况时先不要喝此汤。

营养分析小卡片

- 热量342.5千卡
- 碳水化合物55.4克
- 蛋白质14.5克
- 脂肪8.5克

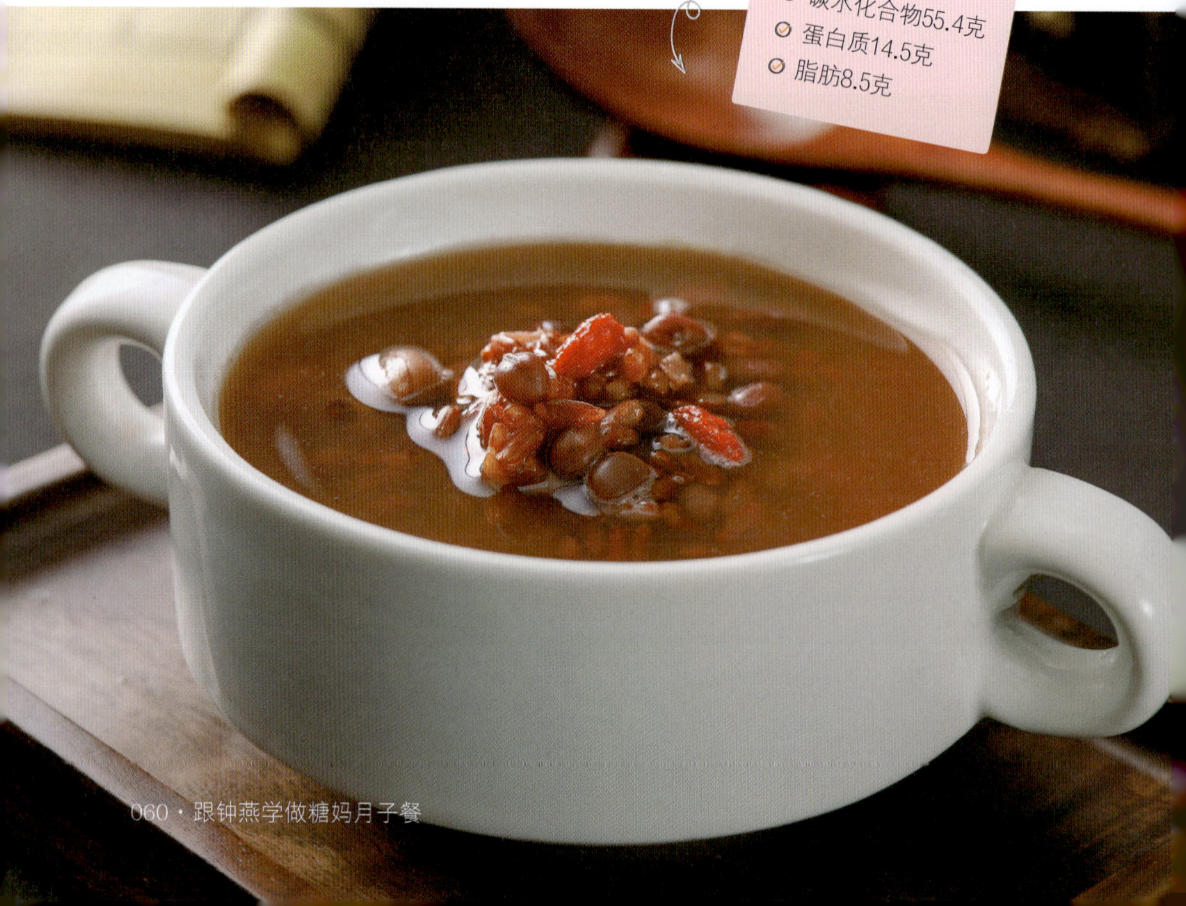

产后第二周饮食这样安排

日期	早餐	早加餐	午餐	午加餐	晚餐	晚加餐
第8天	藜麦鸡蛋饼、牛奶、烫青菜	紫薯银耳汤	山药玉米排骨汤、香菇蒸鸡翅、番茄炒西蓝花、杂粮饭	火龙果	裙带菜鲫鱼豆腐汤、西芹百合腰果炒鸡丁、荷兰豆山药炒木耳、薏米饭	苏打饼干
第9天	黑米花生粥、鸡蛋、香油西蓝花	全麦吐司、黄芪通草茶	薏米饭、杂蔬鸡肉汤、芹菜彩椒炒香干、白灼菜心	苹果燕麦奶昔	木瓜鲫鱼汤、彩椒木耳肉片、二米饭、芦笋炒珍菌	黑芝麻豆浆
第10天	山药南瓜煮牛奶、鸡蛋、烫青菜	蒸玉米	虫草花瘦肉汤、清蒸鲈鱼、杂粮饭、香油红苋菜	橙子	虾皮豆腐白菜汤、牛蒡芦笋炒鸡丝、清炒红薯苗、杂粮饭	木瓜花生银耳汤
第11天	玉米面牛奶坚果发糕、纯牛奶、烫青菜	燕麦蛋奶布丁	黄芪炖鸡汤、西蓝花虾仁滑蛋、香油拌龙须菜、杂粮饭	猕猴桃	豆芽海带排骨汤、豌豆炒鸡胸肉、清炒莜麦菜、杂粮饭	全麦面包
第12天	苋菜银鱼糙米粥	藜麦馒头、枸杞子豆浆	番茄牛肉汤、香芹炒鳝段、山药莴笋炒木耳、杂粮饭	番石榴	黄芪瘦肉汤、鸭血烧豆腐、杂粮饭、香菇炒油菜	坚果、牛奶
第13天	全麦面包、纯牛奶、青瓜炒木耳胡萝卜	豆腐花	秋葵番茄鱼片汤、长豆角炒肉丝、杂粮饭、清炒紫甘蓝	木瓜奶昔	山药杂蔬汤、银鱼煎蛋、麻酱拌菠菜、杂粮饭	红豆花生汤
第14天	紫菜虾皮馄饨、青菜	黑芝麻燕麦牛奶	茶树菇炖鸽肉汤、糙米饭、蛤蜊葱花炒蛋、香油拌西蓝花	小番茄	腰果杂菌汤、上汤娃娃菜、泥鳅烧豆腐、杂粮饭	无糖奶粉

藜麦鸡蛋饼

营养分析小卡片
- 热量328.0千卡
- 碳水化合物33.5克
- 蛋白质20.5克
- 脂肪11.7克

原料

藜麦50克,鸡蛋2个,胡萝卜末20克,葱花10克,盐、食用油各适量

做法

1 藜麦用清水洗净浸泡2小时,放入锅中,加水煮20分钟,捞出备用。
2 藜麦中加入鸡蛋、胡萝卜末、葱花、盐,充分搅拌均匀。
3 平底锅刷上食用油,倒入第2步的藜麦鸡蛋液摊平,用小火煎至呈金黄色后翻面,待两面金黄即可出锅切块。

营养功效

藜麦的升糖指数(GI值)非常低,是糖尿病人群的理想食材。此外,它还含有丰富的蛋白质、维生素、氨基酸、矿物质等多种营养物质,是现代人非常喜欢的养生食材。

钟老师小叮咛

消化系统功能不良者、肾病患者或对藜麦过敏者,均不宜食用藜麦。

营养分析小卡片
- 热量520.0千卡
- 碳水化合物26.6克
- 蛋白质24.7克
- 脂肪27.3克

山药玉米排骨汤

原料

排骨块150克，山药100克，玉米150克，姜片、盐各适量

做法

1. 排骨块冷水下锅，氽水备用。
2. 山药（去皮）、玉米分别切成段状，备用。
3. 排骨块、玉米、姜片放入砂锅中，倒入适量清水，先大火煲开，再转小火慢煲半小时；接着放入山药继续煲15分钟左右，最后放入盐调味即可。

营养功效

此汤味道鲜美，有健脾胃、补肾养血、增强免疫力等作用。哺乳期妈妈多食用，有助于提高乳汁质量。

钟老师小叮咛

对于血糖偏高的新妈妈，山药和玉米要当作主食食用，相应减少其他碳水化合物类食物的摄入量。

香菇蒸鸡翅

📖 原料

鸡翅150克，干香菇20克，姜片、葱段、盐、生抽、香油各适量

🍳 做法

1 部分干香菇用温热水泡发，洗净去蒂，切成片状。剩余一个泡发后切十字花刀。

2 鸡翅洗净，划上一字花刀，用盐、生抽、姜片、葱段、香油码好味；再放入香菇片拌匀，放置20分钟。

3 锅中烧水，水开后把香菇和鸡翅摆盘，放入蒸锅中，大火蒸12分钟至熟即可。

🥗 营养功效

香菇的香味和鸡肉的鲜味组合在一起，相得益彰，非常美味。香菇含有香菇多糖和氨基酸；鸡肉含有丰富的蛋白质。新妈妈经常食用此品，有益气补血、增加乳汁分泌和提高免疫力的功效。

钟老师小叮咛

这道菜虽营养丰富，但糖妈食用时要控制好量，不宜一次性吃太多。

营养分析小卡片

- 热量347.0千卡
- 碳水化合物17.9克
- 蛋白质23.0克
- 脂肪21.7克

裙带菜鲫鱼豆腐汤

营养分析小卡片
- 热量520.0千卡
- 碳水化合物23.4克
- 蛋白质65.2克
- 脂肪19.9克

原料

鲫鱼1条，干裙带菜10克，嫩豆腐1小块，盐、姜片、葱段、食用油、枸杞子各适量

做法

1. 鲫鱼刮掉鳞甲，挖去内脏、鱼鳃，充分清洗干净，沥干水分。
2. 干裙带菜提前泡发，清洗干净，切成小段。
3. 嫩豆腐切成小块。
4. 热锅放食用油，爆香姜片，放入鲫鱼煎至两面呈金黄色捞出；把锅洗干净，倒入开水，放入煎好的鲫鱼，加入葱段，开大火把鱼汤熬白；再放入裙带菜、豆腐一起煮熟，调入盐，撒上枸杞子即可。

营养功效

此汤的蛋白质和钙质含量非常高，有通乳、增加乳汁分泌的功效，是哺乳期妈妈理想的下乳汤品。

钟老师小叮咛

有甲状腺功能亢进或痛风的人群不适合喝此汤。煎鱼的油要去除干净再熬汤，否则汤的脂肪含量会比较高，不利于糖妈控糖。

西芹百合腰果炒鸡丁

原料

西芹100克，鲜百合20克，鸡肉50克，熟腰果仁10克，盐、姜粒、葱粒、香油、食用油各适量

做法

1. 鸡肉洗净切丁，用少量盐码入底味备用。
2. 西芹去掉老皮，洗净，切成菱形段。
3. 鲜百合去掉头尾，掰成片状洗净。
4. 锅中烧水，水开后加少量食用油，先放入鸡肉丁烫熟捞出；再下入西芹、鲜百合焯水，捞出备用。
5. 热锅放食用油，爆香姜粒和葱粒，下入鸡肉丁和第4步的配菜，调入盐炒匀，放入鸡肉丁和熟腰果仁，滴入几滴香油混合炒匀即可。

营养分析小卡片

- 热量274.2千卡
- 碳水化合物15.1克
- 蛋白质13.8克
- 脂肪18.6克

营养功效

此菜荤素搭配，口感清爽、嫩滑，有增进食欲、润肺安神、补肾益气等功效，是月子餐中的一道佳肴。

钟老师小叮咛

腰果的脂肪含量较高，在给糖妈烹调月子餐时要控制好每次的用量。建议每次用10～15克为宜。

荷兰豆山药炒木耳

原料

荷兰豆100克，山药50克，干黑木耳10克，彩椒片20克，盐、食用油、姜片、香油各适量

做法

1 干黑木耳用温水泡发，洗净。

2 荷兰豆撕去老筋，头尾切花刀，洗净。

3 山药去皮、洗净、切成波浪条状。

4 锅中烧水，水开后加入食用油、盐，下入荷兰豆、山药、黑木耳、彩椒片焯水，捞出备用。

5 锅中放少量食用油，爆香姜片，下入第4步焯好水的配菜翻炒均匀；调入盐、香油继续炒匀，即可出锅。

营养功效

此菜搭配了4种色彩的蔬菜，颜值高，营养丰富。有补钙、补充蛋白质、增进食欲、预防便秘、提高免疫力等作用。

钟老师小叮咛

山药分脆山药和铁棍山药，两者的淀粉含量不一样，每100克脆山药的淀粉含量约12%，每100克铁棍山药的淀粉含量一般会超过20%。在给糖妈烹调月子餐时，建议选用淀粉含量较低的脆山药。

营养分析小卡片

○ 热量135.2千卡
○ 碳水化合物18.9克
○ 蛋白质4.9克
○ 脂肪5.6克

杂蔬鸡肉汤

营养分析小卡片
- 热量293.3千卡
- 碳水化合物22.6克
- 蛋白质30.1克
- 脂肪11.2克

原料

鸡肉100克，瓠瓜100克，胡萝卜50克，老豆腐50克，干香菇20克，盐、姜片各适量

做法

1. 干香菇用温热水提前泡发好，去蒂洗净，顶部切十字花刀备用。

2. 瓠瓜和胡萝卜去皮，切成块状。

3. 把鸡肉、胡萝卜、香菇、姜片先放入砂锅内，加适量清水；大火煲开，再转小火慢煲半小时；放入老豆腐、瓠瓜，开大火煲10分钟至熟，加盐调味即可。

营养功效

瓠瓜、老豆腐、香菇都是糖尿病人群的优选食物。此汤搭配鸡肉和胡萝卜，味道会更清甜，营养也更全面，具有补充蛋白质、补充钙质、催乳、提高免疫力的作用。

钟老师小叮咛

瓠瓜有两种，一种是苦味的，另一种是甜味的。苦瓠瓜含有植物毒素，不宜食用，采购食材时需认真辨别，最简便的方法就是切开后用舌尖尝一下。

芹菜彩椒炒香干

🍲 原料

芹菜100克，香干100克，彩椒20克，盐、姜片、香油、食用油各适量

🥄 做法

1 芹菜去掉老叶、老筋，洗净，切成约5厘米的段。

2 香干切成厚片，彩椒洗净切成条状。

3 热锅放食用油，先放入姜片爆香，再放入香干略炒，下入彩椒，调入盐翻炒至熟，滴入香油翻炒均匀即可。

😊 营养功效

　　芹菜和香干都是糖尿病人群的优选食材，两者搭配，非常适合新妈妈食用，具有补充优质蛋白质、预防便秘、提高免疫力的作用。

🧑‍🍳 钟老师小叮咛

　　芹菜性凉，脾胃虚寒导致经常腹泻的宝妈要少吃。

营养分析小卡片
- 热量260.2千卡
- 碳水化合物9.5克
- 蛋白质16.5克
- 脂肪18.0克

苹果燕麦奶昔

原料

苹果100克，无糖即食燕麦片30克，纯牛奶50毫升，温开水50毫升

做法

1 把一半苹果去皮，切成粒状。

2 纯牛奶加至温热。

3 把剩下的一半苹果放入破壁机，加入50毫升温开水打成果汁，倒入碗内；加入苹果粒、熟燕麦片，倒入纯牛奶搅匀即可。

营养功效

苹果燕麦奶昔是一道简便、营养的新妈妈加餐，有补充优质蛋白质、预防便秘的功效。

钟老师小叮咛

脾胃虚寒的人群不太适合食用这道加餐，容易引起腹泻。

营养分析小卡片

- 热量199.8千卡
- 碳水化合物32.1克
- 蛋白质6.6克
- 脂肪4.8克

木瓜鲫鱼汤

🍲 原料

鲫鱼1条（300克），青木瓜100克，姜片、葱段、盐、食用油、枸杞子各适量

🍴 做法

1 把鲫鱼的鳞甲刮干净，挖去内脏、鱼鳃，充分清洗干净。

2 青木瓜去皮，切成菱形块状。

3 热锅放食用油，爆香姜片，放入鲫鱼煎至两面呈金黄色捞出；把煎鱼的锅洗干净，倒入开水，下入鲫鱼、葱段和青木瓜块，开大火把鱼汤熬白，拣去姜片和葱段，加入盐调味，用枸杞子点缀即可。

营养分析小卡片
- ⊙ 热量353.0千卡
- ⊙ 碳水化合物18.4克
- ⊙ 蛋白质51.7克
- ⊙ 脂肪8.2克

🍵 营养功效

　　青木瓜中含有特殊的物质——木瓜蛋白酶和凝乳酶，有提高免疫力和通乳的功效。与鲫鱼搭配，则是一道经典的下乳汤品，少乳的新妈妈可以常食。青木瓜的含糖量很低，可以作为糖妈的优选食材。

钟老师小叮咛

　　青木瓜比熟木瓜下奶效果更好，但也要注意摄入量，过量食用容易导致腹泻等症状。

彩椒木耳肉片

原料

瘦肉50克，干黑木耳10克，彩椒片30克，盐、生抽、姜片、葱段、香油、鸡蛋清、食用油、生粉各适量

营养功效

此菜是一道经典小炒，烹调月子餐时，把辣椒换成彩椒，有提高免疫力、开胃的作用。

做法

1. 干黑木耳用温水提前泡发，洗净备用。
2. 瘦肉洗净切片，用盐、生抽、姜片、葱段、香油、鸡蛋清、生粉码味备用。
3. 锅中烧水，水开后放食用油、盐，下黑木耳、彩椒片焯水。
4. 热锅放食用油，下入瘦肉片滑熟，捞出控油。
5. 锅中留少量油，放入第3步的配菜，调入盐炒匀，再下入瘦肉片充分炒匀，摆盘即可。

钟老师小叮咛

黑木耳虽然营养丰富，也是糖尿病人群的优选食材，但不太容易消化吸收，坐月子期间每次吃的量不宜过多。

营养分析小卡片
- 热量233.1千卡
- 碳水化合物13.5克
- 蛋白质14.9克
- 脂肪14.1克

芦笋炒珍菌

营养分析小卡片
- 热量102.4千卡
- 碳水化合物11.9克
- 蛋白质3.5克
- 脂肪5.2克

原料

芦笋50克，鲜百合20克，鸡枞菇50克，彩椒40克，盐、姜片、香油、食用油各适量

做法

1. 芦笋洗净去老皮，切成斜段。
2. 鸡枞菇和鲜百合去除根部泥沙，洗净。
3. 彩椒洗净切成条状。
4. 锅中烧水，水开后放食用油、盐，下入芦笋、鸡枞菇、鲜百合、彩椒焯水备用。
5. 热锅放食用油，放入姜片爆香，下入第4步的食材，调入盐快速翻炒均匀，滴入香油炒匀即可。

营养功效

鸡枞菇含有丰富的蛋白质和维生素，以及钙、铁、锌等多种矿物质，有健脾胃、补气养血、提高免疫力等作用。芦笋有防癌抗癌、利尿通淋、减脂降压、预防便秘等作用。这道菜配以百合和彩椒，色泽诱人，口感爽脆，是养生好菜品。

钟老师小叮咛

芦笋的嘌呤含量较高，痛风人群尽量少吃，脾胃虚寒导致经常腹泻的人群也要少吃。

山药南瓜煮牛奶

营养分析小卡片
- 热量105.0千卡
- 碳水化合物13.8克
- 蛋白质4.6克
- 脂肪3.8克

原料

山药50克，南瓜50克，枸杞子少许，牛奶100毫升

做法

1 山药和南瓜分别去皮洗净，切成块状。
2 锅中烧水，放入山药和南瓜煮熟。
3 倒入牛奶稍煮，用枸杞子点缀即可。

营养功效

　　此菜品具有健脾胃、补肾气、益肺的功效，是宝妈月子加餐的理想选择。

钟老师小叮咛

　　在给糖妈做月子餐时，山药和南瓜要当作主食食用，并以"吃粗不吃精"的原则进行烹调。

虫草花瘦肉汤

原料

干虫草花10克，瘦肉50克，姜片、盐、枸杞子各适量

做法

1. 瘦肉洗净剁成末。
2. 虫草花洗净备用。
3. 准备一个炖盅，把瘦肉、虫草花、姜片、枸杞子放入；加适量清水，放入加有水的蒸锅内；开大火炖半小时，再转小火慢炖1小时，加入适量盐调味即可。

营养功效

此汤有提高免疫力、催乳、益肺的功效，很适合新妈妈食用。

钟老师小叮咛

瘦肉要选精瘦肉，如里脊肉或猪展肉，脂肪含量少，炖出来的汤色清澈、味道鲜美。

营养分析小卡片
- 热量121.3千卡
- 碳水化合物9.3克
- 蛋白质13.4克
- 脂肪4.1克

清蒸鲈鱼

营养分析小卡片
- 热量394.0千卡
- 碳水化合物0.0克
- 蛋白质53.9克
- 脂肪19.8克

原料

鲈鱼1条（500克），小番茄、蒸鱼豉油、香油、姜丝、葱丝、食用油、彩椒各适量

做法

1. 鲈鱼清理干净鳞甲、鳃部，把鱼肚剖开，趴着放入盘中，放姜丝、葱丝去腥。
2. 彩椒切丝备用。
3. 锅中烧水，水开后放入鲈鱼，大火蒸7分钟，关火取出。
4. 拣出盘中的姜丝、葱丝，再放入点缀用的姜丝、葱丝、彩椒丝，浇上热食用油；再淋入适量蒸鱼豉油，滴入几滴香油，用小番茄点缀鱼嘴即可。

营养功效

鲈鱼肉质细嫩，蛋白质含量丰富，有促进伤口愈合、催乳的功效。

钟老师小叮咛

用于清蒸的鲈鱼一定要选用鲜活的，不宜选冰冻的。

虾皮豆腐白菜汤

🍲 原料

虾皮10克，嫩豆腐100克，白菜100克，枸杞子、姜丝、盐、香油各适量

🍳 做法

1 虾皮洗净，沥干备用。

2 嫩豆腐洗净，切成小块备用。

3 白菜洗净，切成小段。

4 锅中烧适量清水，水开后放入姜丝，下入嫩豆腐、白菜、虾皮煮熟；调入盐，撒入枸杞子，滴入香油即可。

🍵 营养功效

此菜钙、蛋白质含量非常丰富，热量低，美味又能减脂。

钟老师小叮咛

对虾过敏的宝妈，或宝宝长湿疹的乳母，食用此菜时不宜放虾皮。脾胃虚寒导致经常腹泻的宝妈也要少吃这道菜。

营养分析小卡片
- 热量167.3千卡
- 碳水化合物7.6克
- 蛋白质10.4克
- 脂肪11.2克

牛蒡芦笋炒鸡丝

原料

牛蒡50克，芦笋50克，鸡胸肉100克，盐、姜丝、彩椒条、葱段、香油、食用油各适量

做法

1　鸡胸肉洗净切丝，用盐、姜丝、葱段码味备用。
2　牛蒡去皮洗净，切丝备用。
3　芦笋去老皮，洗净，斜切成约5厘米的段。
4　锅中烧水，水开后放入食用油、盐，下入牛蒡、芦笋、彩椒条焯水备用。
5　热锅放食用油，下入鸡胸肉丝炒熟，捞出控油；锅中留少量油，放入第4步的配菜，调入盐、香油充分炒匀，倒入鸡胸肉丝混炒均匀即可。

营养分析小卡片

- 热量253.0千卡
- 碳水化合物10.9克
- 蛋白质26.7克
- 脂肪12.0克

营养功效

　　牛蒡是糖尿病人群的优选食材，可以增强免疫力和抵抗力，促进胃肠蠕动，改善糖妈的便秘情况。此外，牛蒡还具有利尿消肿的作用，很适合下肢浮肿的糖尿病人群。

钟老师小叮咛

　　牛蒡有利尿的作用，有尿频、尿急等症状以及尿道炎的人群不适合多吃。

木瓜花生银耳汤

🥗 原料

木瓜100克，干银耳10克，花生仁30克，牛奶150毫升

🍴 做法

1　花生仁提前用温水泡发，洗净备用。

2　干银耳用冷水泡发，去掉蒂部，撕成小朵，洗净备用。

3　木瓜去皮，切成块状。

4　把花生仁、银耳、木瓜放入炖盅内，加入适量清水，放入炖锅，开大火炖半小时，再转小火慢炖半小时，倒入牛奶搅匀即可。

🌼 营养功效

此汤可作为月子加餐，有催乳、滋阴、润燥等功效，坐月子期间可常吃。

钟老师小叮咛

此汤日常作为甜品时，通常会加入冰糖、红枣之类的配料；但制作给糖妈时，这些配料都不宜放。

营养分析小卡片

- 热量247.0千卡
- 碳水化合物25.0克
- 蛋白质10.0克
- 脂肪13.3克

玉米面牛奶坚果发糕

营养分析小卡片
- 热量1019.8千卡
- 碳水化合物181.1克
- 蛋白质35.3克
- 脂肪19.6克

原料

玉米面粉130克，白面粉100克，酵母3克，牛奶100毫升，鸡蛋1个，坚果10克

做法

1. 玉米面粉用130克开水烫面，搅拌均匀，放凉备用。

2. 加入鸡蛋、牛奶，搅拌成稀糊状，加入白面粉充分搅拌均匀。

3. 酵母用少量清水化开，倒入面糊中，再次搅拌均匀至细腻光滑且无颗粒状；倒入容器中抹平，撒上坚果，盖上盖子，醒发至原体积的2倍大，水开上蒸锅，大火蒸25分钟。

4. 稍放凉后，切成块状即可。

营养功效

玉米面粉属于粗粮，与白面粉混合做成发糕，口感更好，血糖生成指数（GI值）相比纯白面粉会低一些。

钟老师小叮咛

玉米面牛奶坚果发糕要作为主食食用，可在正餐或加餐时食用，但要注意控制好量，一次不可多吃。

黄芪炖鸡汤

原料

黄芪10克,鸡肉150克,姜片、盐、枸杞子各适量

做法

1 鸡肉去油洗净,剁成块状,冷水下锅,焯水备用。

2 黄芪洗净备用。

3 把鸡肉、黄芪、姜片放入炖盅内,加入适量清水,放入炖锅,开大火炖半小时,再转小火慢炖1小时,加入盐调味,放入枸杞子即可。

营养功效

黄芪有双向调节血糖和血压的作用,也是"补气圣品"。与鸡肉搭配,有益气、补血、催乳的功效,非常适合坐月子期间的新妈妈和糖妈食用。

钟老师小叮咛

阴虚火旺的宝妈少饮用此汤。

营养分析小卡片
- 热量232.1千卡
- 碳水化合物4.6克
- 蛋白质31.1克
- 脂肪10.1克

西蓝花虾仁滑蛋

营养分析小卡片
- 热量271.1千卡
- 碳水化合物8.6克
- 蛋白质26.0克
- 脂肪16.3克

原料

西蓝花1颗（200克），鸡蛋1个，虾仁8只（150克），盐、香油、食用油、彩椒末各适量

做法

1. 西蓝花切成小朵，洗净备用。
2. 鸡蛋液加盐、香油、彩椒末搅拌均匀。
3. 虾仁开背，用盐、香油码味备用。
4. 锅中烧水，水开后加入食用油、盐，下入西蓝花焯水至熟，捞出，用盐、香油拌匀后摆盘。
5. 热锅放食用油，下入虾仁滑至七成熟时，下入第2步的鸡蛋液一起滑熟，盛出装入摆有西蓝花的盘中即可。

营养功效

此菜荤素搭配非常得当，含有丰富的蛋白质、钙、膳食纤维等营养成分，脂肪含量低，具有催乳、提高免疫力、预防便秘等功效，适合各类人群食用。

钟老师小叮咛

西蓝花性凉，不宜一次食用过多，特别是脾胃虚寒的宝妈，要注意控制好每次的食用量。另对虾仁过敏的宝妈和宝宝，要去掉虾仁再烹调。

香油拌龙须菜

原料

龙须菜200克，彩椒、盐、姜汁、食用油、香油各适量

做法

1 龙须菜摘除老茎、老叶，清洗干净，切成段状。

2 彩椒洗净，切成粒状。

3 锅中烧水，水开后放入食用油、盐，下入龙须菜和彩椒粒，烫熟捞出；调入盐、姜汁、香油充分拌匀，装盘即可。

营养功效

龙须菜属于春、夏季的时令菜，颜色翠绿，口感爽脆，含有丰富的维生素和膳食纤维，有清热解毒、利水通便等作用，还可以增进食欲，适合便秘的宝妈经常食用。

钟老师小叮咛

龙须菜性寒，烹调时建议加一些姜汁和香油进行调和。此外，脾胃虚寒导致经常腹泻的宝妈要少吃。

营养分析小卡片

- 热量78.9千卡
- 碳水化合物6.4克
- 蛋白质3.4克
- 脂肪5.0克

豌豆炒鸡胸肉

🍲 原料

鸡胸肉100克，豌豆100克，胡萝卜20克，盐、香油、姜片、葱段、食用油各适量

🍳 做法

1 鸡胸肉洗净，切成粒状，用盐、香油、姜片、葱段码味备用。

2 胡萝卜洗净，切粒备用。

3 锅中烧水，水开后加入食用油、盐，放入胡萝卜、豌豆焯水备用。

4 热锅放食用油，下入鸡胸肉滑熟，捞出控油；锅中留少量油，下入第3步的配菜，调入盐、香油翻炒均匀，再下入鸡胸肉充分炒匀即可。

营养分析小卡片

- 热量550.0千卡
- 碳水化合物68.2克
- 蛋白质45.1克
- 脂肪13.0克

🍎 营养功效

　　豌豆和鸡胸肉搭配，营养非常全面，含有丰富的蛋白质、维生素、矿物质等多种营养成分，具有补血、下乳、益脾健胃、增强免疫力的作用。

钟老师小叮咛

　　豌豆不宜一次多吃，否则容易引起胃肠胀气。此外，要注意煮熟才可食用，否则容易引起腹泻。

产后第二周·第11天 晚餐

清炒莜麦菜

原料

莜麦菜250克，红彩椒丝、姜丝、盐、香油、食用油各适量

做法

1 莜麦菜清洗干净，切成5厘米左右的段状。

2 热锅放食用油，放入姜丝爆香，下入莜麦菜和红彩椒丝快速翻炒至熟，调入盐、香油炒匀即可。

营养功效

莜麦菜含有大量维生素、钙、铁、膳食纤维等营养成分，具有清热利尿、预防便秘、降低胆固醇、静心安神、预防贫血、促进血液循环等功效，是糖尿病人群和宝妈可常吃的蔬菜。

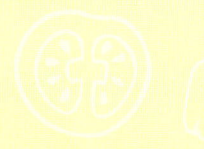

钟老师小叮咛

脾胃虚寒导致经常腹泻的宝妈应少吃。

营养分析小卡片

- 热量75.0千卡
- 碳水化合物5.3克
- 蛋白质2.8克
- 脂肪6.0克

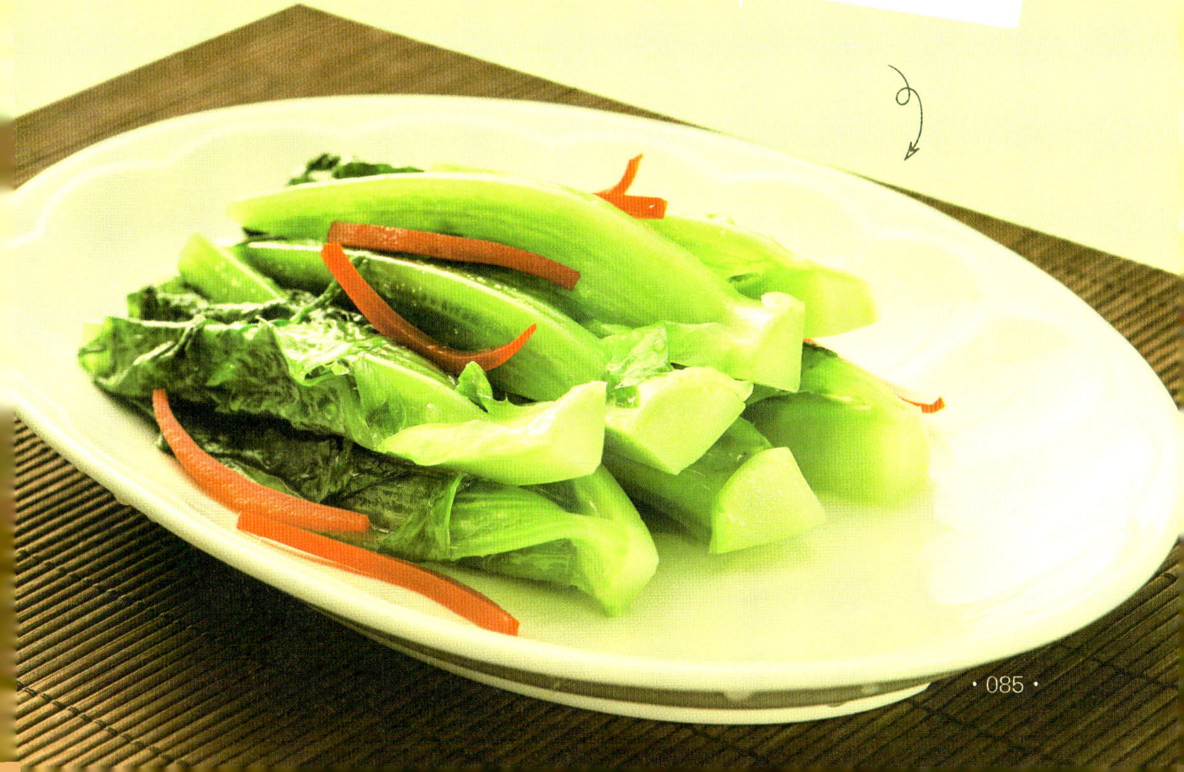

苋菜银鱼糙米粥

营养分析小卡片
- 热量296.0千卡
- 碳水化合物56.2克
- 蛋白质10.2克
- 脂肪3.8克

原料

糙米20克，粳米50克，干银鱼20克，苋菜50克，盐、姜丝、香油、食用油各适量

做法

1 糙米提前浸泡6小时，与粳米一起放入砂锅内。

2 热锅放少量食用油，放入姜丝爆香，下入干银鱼略炒；起锅倒入第1步的砂锅内，加适量清水，大火煲开，再转中小火煲熟成粥。

3 苋菜洗净后切成段，放入粥内，快速搅匀煮熟，调入盐，滴入香油搅拌均匀即可。

营养功效

此粥含有丰富的钙、B族维生素，有提高免疫力、预防便秘等功效，也是很适合糖妈食用的一道美食。

钟老师小叮咛

此粥有银耳，容易引起过敏，过敏体质的宝妈要慎食。

番茄牛肉汤

小火慢炖至牛肉熟软；下入芹菜，调入适量盐，撒上葱花即可。

原料

牛肉150克，番茄100克，胡萝卜100克，洋葱50克，芹菜1条，葱花、姜片、盐、食用油各适量

做法

1 牛肉洗净切小块，冷水下锅，焯水备用。

2 番茄洗净去皮切块，胡萝卜洗净去皮切块，洋葱洗净切片，芹菜洗净切段。

3 热锅放食用油，下入姜片、洋葱、番茄炒香；再下入牛肉、胡萝卜略炒，加入适量清水，大火烧开，再

营养功效

此汤味道鲜美，营养丰富，具有补血补铁、增长肌肉、补益脾胃、增进食欲等功效。

钟老师小叮咛

牛肉属发物，若宝宝出现湿疹，哺乳期的宝妈应先避免食用。

营养分析小卡片
- 热量321.0千卡
- 碳水化合物18.9克
- 蛋白质32.6克
- 脂肪13.7克

香芹炒鳝段

原料

鳝鱼1条（约150克），芹菜150克，彩椒30克，姜片、葱段、香油、盐、生抽、食用油各适量

做法

1 鳝鱼洗净，切一字花刀，再切成5厘米左右的段状。

2 芹菜洗净，切成约5厘米的段状。

3 彩椒洗净，切成条状。

4 锅中烧水，水开后放入姜片、葱段略煮，再下入鳝鱼段氽烫捞出，洗净备用。

5 热锅放食用油，放入姜片、葱段爆香，再下入鳝鱼翻炒；随后下入芹菜、彩椒炒至断生，调入生抽、盐、香油，翻炒均匀即可。

营养功效

芹菜的膳食纤维含量高，能增加饱腹感，可减少其他主食的摄入量；鳝鱼有补虚、健脑益智、美容养颜的作用。此菜是糖妈的优选菜品。

钟老师小叮咛

过敏体质、高尿酸血症、痛风、胃肠功能较弱的人群尽量少吃或不吃。

营养分析小卡片

- 热量251.0千卡
- 碳水化合物8.4克
- 蛋白质28.0克
- 脂肪12.5克

山药莴笋炒木耳

营养分析小卡片
- 热量147.0千卡
- 碳水化合物12.1克
- 蛋白质2.7克
- 脂肪10.3克

原料

山药50克，莴笋100克，泡发黑木耳30克，彩椒20克，姜片、盐、香油、食用油各适量

做法

1. 山药去皮切花片，泡在水中，预防氧化。
2. 莴笋去皮切花片。
3. 泡发黑木耳洗净，彩椒切片备用。
4. 锅中烧水，水开后加食用油、盐，依次放入山药、黑木耳、莴笋、彩椒焯水，捞出备用。
5. 热锅放食用油，下入姜片爆香，下入第4步的配菜翻炒均匀；调入盐、香油，继续翻炒均匀即可。

营养功效

山药可养胃益肾，黑木耳可补血补铁，莴笋可清热解毒，三者搭配是一道营养丰富的养生素菜，很适合高血压、高脂血症的人群食用。

钟老师小叮咛

糖妈食用山药时应注意摄入量，并相应减少其他主食的摄入量。

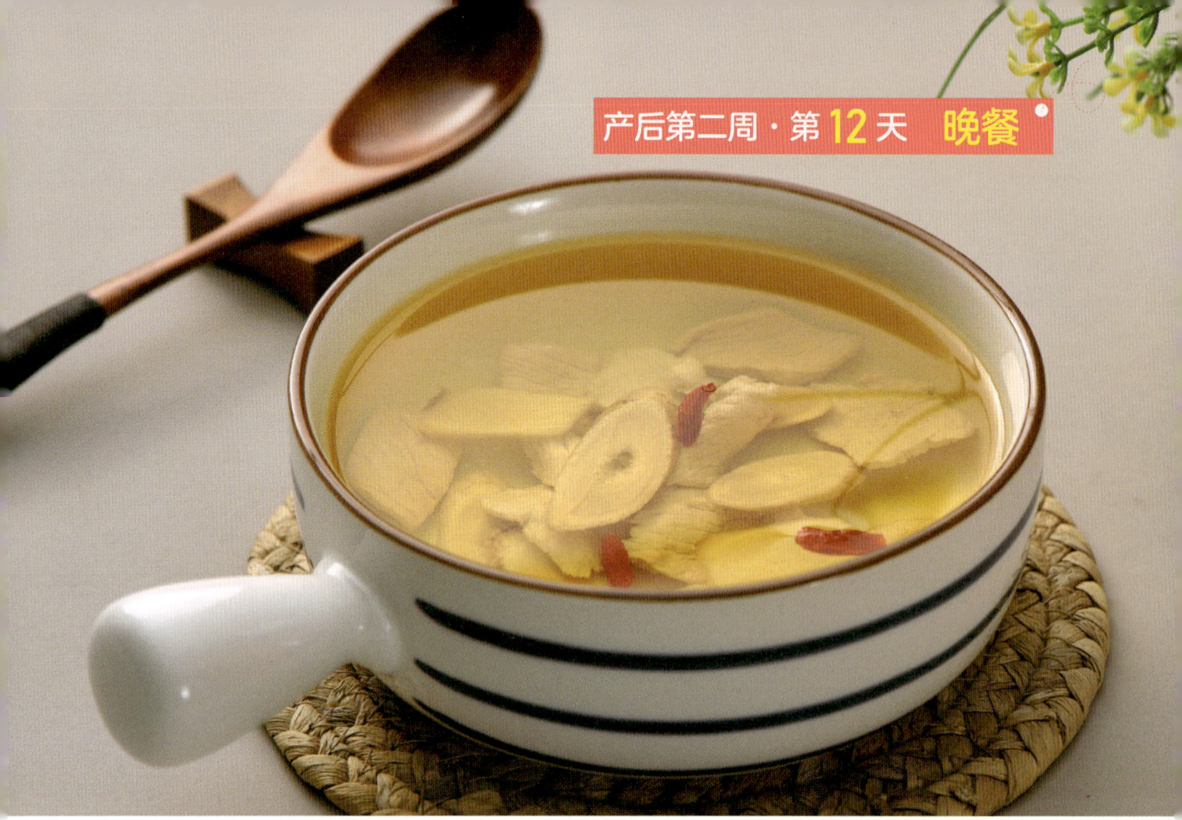

黄芪瘦肉汤

原料

黄芪10克，瘦肉50克，枸杞子、姜片、盐各适量

做法

1　瘦肉洗净切片，黄芪洗净备用。

2　瘦肉、黄芪、姜片放入炖盅，加入适量清水，隔水开大火炖半小时，再转小火慢炖1小时；加入少量盐，放入枸杞子点缀即可。

营养功效

　　黄芪是补气佳品，生产时耗费大量元气的新妈妈可以适量食用黄芪来帮助恢复元气。黄芪最好与肉类食材搭配煲汤食用，不仅味道鲜美，营养也更丰富。

营养分析小卡片
- 热量91.1千卡
- 碳水化合物3.2克
- 蛋白质11.克
- 脂肪4.0克

钟老师小叮咛

有高血压、便秘或上火症状的人群，不适合食用黄芪。

鸭血烧豆腐

原料

鸭血100克，嫩豆腐150克，瘦肉末30克，老姜末、葱花、彩椒粒、盐、食用油、香油、生抽各适量

做法

1 把鸭血、嫩豆腐分别切成小块备用。

2 锅中烧水，水开后放入适量盐，把豆腐和鸭血放入锅中，焯水捞出备用。

3 热锅放食用油，倒入老姜末、瘦肉末炒香，加适量清水，放入盐、生抽调好味；再下入鸭血、嫩豆腐、彩椒粒，盖上锅盖烧煮2分钟；滴入香油后推拌均匀，起锅，撒上葱花即可。

营养功效

鸭血富含铁、钙等多种矿物质；嫩豆腐中的蛋白质、钙、锌等营养成分非常丰富。二者搭配，相得益彰，具有补血益气、增强造血功能、预防贫血、提高免疫力等功效。

钟老师小叮咛

体质偏寒的宝妈在食用这道菜时应控制好量，并在烹调中适当加入老姜、香油等温性食材，以进行中和。

营养分析小卡片
- 热量375.8千卡
- 碳水化合物5.9克
- 蛋白质26.3克
- 脂肪28.1克

青瓜炒木耳胡萝卜

📖 原料

青瓜150克，泡发黑木耳30克，胡萝卜30克，姜片、盐、香油、食用油各适量

🍳 做法

1 青瓜洗净，去部分皮，滚刀块。

2 胡萝卜洗净切小块，泡发黑木耳洗净备用。

3 锅中烧水，水开后加食用油、盐，依次下入胡萝卜、黑木耳、青瓜焯水备用。

4 热锅放食用油，爆香姜片，下入第3步的食材快速翻炒均匀，调入盐、香油，再次炒匀即可。

营养分析小卡片

- 热量88.8千卡
- 碳水化合物8.8克
- 蛋白质2.0克
- 脂肪5.4克

🍎 营养功效

青瓜中的糖分很低，故糖尿病人群食用青瓜不会导致血糖升高。与被誉为"血管清道夫"的黑木耳搭配同食，营养更全面，是"三高"患者的优选食材。

钟老师小叮咛

青瓜性寒凉，脾胃虚寒、有慢性腹泻的宝妈要少吃。

秋葵番茄鱼片汤

原料

鲈鱼肉100克，番茄100克，秋葵50克，姜丝、盐、香油、芹菜、食用油各适量

营养分析小卡片

- 热量185.5千卡
- 碳水化合物6.4克
- 蛋白质18.4克
- 脂肪10.5克

做法

1 鲈鱼肉切成厚薄均匀的片状，用盐、香油码味备用。

2 秋葵洗净切片备用。

3 番茄洗净，在开水中烫一下，去皮，切成块状备用。

4 热锅放食用油，爆香姜丝，放入番茄炒出汁，加适量清水熬煮至出味；再加盐调好味，下入鱼片和秋葵煮熟，撒上芹菜即可。

营养功效

此汤做法简单，营养丰富，有增进食欲、利尿消肿、下乳、开胃等功效。

钟老师小叮咛

番茄要选用酸甜适中的品种。鱼肉最好选用新鲜的，这样做出来的鱼汤才鲜美。

长豆角炒肉丝

原料

长豆角100克，瘦肉50克，鸡蛋清、彩椒丝、盐、姜丝、葱段、生抽、生粉、香油、食用油各适量

做法

1 瘦肉洗净切丝，用盐、鸡蛋清、生粉码味备用。

2 长豆角洗净，切成段备用。

3 锅中烧水，水开后放入瘦肉丝烫熟，捞出备用。

4 长豆角放入烫瘦肉丝的水中，焯熟捞出备用。

5 热锅放少量食用油，爆香姜丝和葱段，下入瘦肉丝、长豆角；调入盐、生抽、香油，翻炒均匀；起锅摆盘，点缀上彩椒丝即可。

营养分析小卡片

- 热量232.8千卡
- 碳水化合物11.7克
- 蛋白质15.8克
- 脂肪14.1克

营养功效

长豆角含有丰富的蛋白质和膳食纤维，可以预防便秘。与瘦肉搭配，还能起到改善缺铁性贫血的作用，坐月子期间的宝妈可常吃。

钟老师小叮咛

长豆角一定要烹调至熟透方可食用，切不可生吃，否则容易导致中毒。

山药杂蔬汤

🍲 原料

山药50克，鲜香菇50克，鸡蛋1个，莜麦菜50克，盐、姜末、香油、食用油各适量

🥄 做法

1 山药去皮，拍碎。

2 鲜香菇去蒂，切成粒状；鸡蛋液搅散；莜麦菜洗净切段备用。

3 热锅放少量食用油，下入姜末、香菇粒炒香；加入适量清水煮开，倒入鸡蛋液搅起至呈蛋花状；下入莜麦菜，用盐和香油调味即可。

🍶 营养功效

此汤可健脾胃、助消化，有提高免疫力、催乳的作用，产后宝妈可常喝。

👨‍🍳 钟老师小叮咛

长期大量食用山药可能会导致血糖升高，要注意减少其他主食摄入量，避免摄入过多碳水化合物。

营养分析小卡片

- 热量162.0千卡
- 碳水化合物11.1克
- 蛋白质9.2克
- 脂肪9.8克

银鱼煎蛋

原料

干银鱼30克，鸡蛋2个，葱花、葱丝、彩椒粒、彩椒丝、盐、香油、食用油各适量

做法

1. 干银鱼洗净控水，放入锅中炒香，倒出备用。
2. 鸡蛋液放入盐搅散，加入干银鱼、香油、葱花、彩椒粒搅拌均匀。
3. 热锅放食用油，倒入鸡蛋液摊成蛋饼，待一面煎黄后再翻另一面煎黄；起锅切成三角块，用葱丝、彩椒丝点缀即可。

营养功效

银鱼煎蛋是一道高蛋白、高钙、低脂肪的美食，有改善贫血、提高免疫力的作用，是产后新妈妈的理想食谱。

钟老师小叮咛

银鱼会导致过敏，故过敏体质的宝妈慎食。银鱼的胆固醇含量较高，高血压人群要少吃。此外，银鱼不要和红枣一起食用，容易导致腰腹疼痛。

麻酱拌菠菜

原料

菠菜200克，芝麻酱、盐、彩椒、香油各适量

做法

1 菠菜洗净切成段。

2 彩椒洗净切成丝。

3 锅中烧水，水开后加香油、盐，下入菠菜焯熟捞出；趁热加入盐和芝麻酱，快速拌匀后倒扣装盘，点缀上彩椒丝即可。

营养功效

　　菠菜是糖尿病人群的优选食材，配以芝麻酱，不仅味道香甜，还有润肠通便、理气补血、补钙抗衰等功效。

钟老师小叮咛

　　菠菜的草酸含量较高，最好先焯水。芝麻酱的热量和脂肪含量都较高，故不宜一次性食用过多。

营养分析小卡片
- 热量119.0千卡
- 碳水化合物11.3克
- 蛋白质7.1克
- 脂肪5.9克

紫菜虾皮馄饨

营养分析小卡片
- 热量379.0千卡
- 碳水化合物29.7克
- 蛋白质37.0克
- 脂肪12.6克

原料

鸡胸肉100克，馄饨皮40克，鸡蛋清、紫菜、虾皮、葱花、香菜、姜末、香油、生抽、盐各适量

做法

1. 鸡胸肉剁成肉馅，加入适量水、姜末、盐、鸡蛋清、香油，按顺时针方向充分搅拌均匀；再加入葱花搅拌均匀，做成肉馅。
2. 把肉馅放入馄饨皮中包成馄饨。
3. 准备一个汤碗，放入虾皮、紫菜、香油、葱花、香菜、盐和少量生抽备用。
4. 锅中烧水，水开后舀一大勺到第3步的汤碗中；锅中放入馄饨煮熟，盛出放入汤碗即可。

营养功效

紫菜有利尿、降血脂、补血的作用。搭配鸡胸肉和虾皮，成为一道高钙、高蛋白、低脂肪的美食，适合男女老少食用。

钟老师小叮咛

虾皮容易导致过敏，过敏性体质的宝妈慎食。

蛤蜊葱花炒蛋

营养分析小卡片
- 热量384.0千卡
- 碳水化合物9.4克
- 蛋白质38.4克
- 脂肪21.4克

原料

蛤蜊250克，鸡蛋2个，葱花、彩椒粒、盐、香油、食用油各适量

做法

1. 蛤蜊洗净泥沙，冷水下锅，焯至开口捞出，取出蛤蜊肉备用。

2. 鸡蛋液加盐、香油搅拌均匀，加入蛤蜊肉、葱花、彩椒粒拌匀。

3. 热锅放食用油，倒入鸡蛋液滑熟，起锅装盘，用蛤蜊壳围边装饰即可。

营养功效

蛤蜊含有丰富的钙、蛋白质、锌等营养成分，有提高免疫力、利尿消肿等功效，同时也是糖尿病人群的优选食材。与鸡蛋搭配，相得益彰，营养更加全面，宝妈可经常食用。

钟老师小叮咛

对海鲜过敏，或有痛风的人群不适合吃蛤蜊。

香油拌西蓝花

原料

西蓝花1颗（300克），香油、盐、食用油、彩椒丝各适量

做法

1 西蓝花改成小朵，洗净备用。

2 锅中烧水，水开后加食用油、盐，下入西蓝花焯熟捞出；趁热调入盐、香油，拌匀后摆入碗中并倒扣在盘中，点缀上彩椒丝即可。

营养功效

西蓝花含有丰富的维生素C、叶酸和膳食纤维，有提高免疫力、保护肝脏、预防心脑血管疾病、通便排毒的作用。

营养分析小卡片
- 热量126.0千卡
- 碳水化合物11.1克
- 蛋白质10.5克
- 脂肪6.8克

钟老师小叮咛

西蓝花属凉性，脾胃虚寒导致经常腹泻的宝妈要少吃。

腰果杂菌汤

🥕 原料

腰果15克，干虫草花5克，姬松茸3朵，姜片、盐各适量

🍳 做法

1 腰果、干虫草花、姬松茸分别洗净备用。

2 取一个炖盅洗净，把以上洗好的食材和姜片放入炖盅内，加上适量清水。

3 炖盅放入炖锅内，开大火煲半小时，再转小火煲1小时，关火后调入少量盐即可。

🍵 营养功效

此汤食材虽较素，但营养不"素"。腰果中含有丰富的不饱和脂肪酸，有调节血脂的作用。搭配富含氨基酸的虫草花和姬松茸同炖，不仅味道鲜美，且有提高免疫力的功效，是一道适合宝妈常喝的营养素汤。

👨‍🍳 钟老师小叮咛

腰果中的脂肪含量较高，过多食用易导致发胖和血糖波动，故一次的食用量应控制在10粒以内。

营养分析小卡片

- 热量120.7千卡
- 碳水化合物6.7克
- 蛋白质7.3克
- 脂肪7.8克

上汤娃娃菜

营养分析小卡片
- 热量225.1千卡
- 碳水化合物22.0克
- 蛋白质13.4克
- 脂肪12.2克

原料

娃娃菜150克，瘦肉20克，干香菇20克，干虫草花10克，姜丝、香油、食用油、盐各适量

做法

1 娃娃菜洗净，掰成8块备用。

2 干香菇用温热水泡发，洗净去蒂，切成薄片；干虫草花洗净；瘦肉洗净，切成肉丝备用。

3 热锅放少量食用油，爆香姜丝，放入瘦肉丝、香菇炒香，加入适量清水煮开；放入虫草花、娃娃菜煮熟，调入盐、香油即可。

营养功效

娃娃菜中的叶绿素含量较高，能促进血红蛋白再生，起到改善和预防缺铁性贫血的作用。搭配香菇和肉末烹调，味道更鲜美，营养更全面。

钟老师小叮咛

娃娃菜性寒，脾胃虚寒导致经常腹泻的宝妈要少吃。

泥鳅烧豆腐

原料

泥鳅100克，嫩豆腐200克，姜末、葱花、生抽、香油、食用油、盐各适量

做法

1 泥鳅用盐呛晕后剪去头，挖去泥肠，洗净备用。

2 嫩豆腐切成小块，在淡盐水中焯水，捞出备用。

3 热锅放食用油，下泥鳅煎至两面呈金黄色，加入适量清水，放入盐、姜末、生抽调好味；再下入嫩豆腐烧煮至入味，起锅滴入香油，撒上葱花即可。

营养功效

泥鳅和嫩豆腐搭配，营养互补。嫩豆腐中的蛋白质、钙、锌等含量丰富，但缺乏蛋氨酸；而泥鳅的蛋氨酸含量非常丰富。它们组合在一起，是糖尿病人群的优选食物，同时也是哺乳期新妈妈下奶的好菜品。

钟老师小叮咛

此菜嘌呤含量较高，有痛风症状的人群要少吃。

营养分析小卡片

- 热量360.0千卡
- 碳水化合物9.5克
- 蛋白质29.3克
- 脂肪23.6克

产后第三周饮食这样安排

日期	早餐	早加餐	午餐	午加餐	晚餐	晚加餐
第15天	玉米鸡蛋蔬菜卷、豆浆	红豆红薯汤	五色糙米饭、薏米红豆炖鸭肉汤、丝瓜蒸鲍鱼、番茄炒菜花	火龙果奶昔	紫苏姜丝炒蛤蜊、丝瓜鸡蛋鲫鱼汤、油菜炒海鲜菇、杂粮饭	苏打饼干
第16天	番茄鸡蛋肉丝面片汤	紫薯杂粮饼	双笋炒虾仁、腐竹拌芹菜、高粱米饭、杜仲炖乌鸡汤	小樱桃	五彩养生菜、藜麦饭、秋葵炒牛肉、竹笙冬瓜炖龙骨汤	黑芝麻豆浆
第17天	杂粮窝头、纯牛奶	翡翠蛋羹	陈皮炖鸭汤、杂粮饭、西芹腰果炒鳕鱼、木耳炒莴笋	苹果	姜黄海鲜饭、清炒莜麦菜、石斛瘦肉汤、香油拌鸡丝	木瓜花生银耳汤
第18天	西葫芦鸡蛋饼、纯牛奶	莲子银耳汤	燕麦饭、香菇鸡汤、红烧黄花鱼、草菇彩椒炒包菜	橙子	秋葵木耳番茄肉片汤、杂粮饭、鱿鱼炒芹菜、虫草花蒸鸡翅	全麦面包
第19天	蛋饼蔬菜卷、豆浆	木瓜炖牛奶	罗宋汤、蛋白煮丝瓜、红烧鸡翅、杂粮饭	番石榴	平菇肉丸汤、杂粮饭、魔芋烧鸭、香油菌菇拌紫甘蓝	坚果、牛奶
第20天	香菇白菜豆腐包、纯牛奶	山药百合汤	红豆糙米饭、虾仁鲫鱼玉米汤、香卤牛肉、清炒红薯苗	草莓	番茄鸡蛋汤、杂粮饭、彩椒芹菜炒猪肚、白灼菜心	红豆花生汤
第21天	南瓜虾米炒粉丝、黑豆豆浆	豆浆蒸蛋羹	清蒸鳕鱼、荞麦饭、黄芪乌鸡汤、木耳炒西蓝花	火龙果	番茄紫菜汤、杂粮饭、芹菜肉丝炒豆干、香菇炒油菜	无糖奶粉

玉米鸡蛋蔬菜卷

原料

玉米面粉50克，白面粉50克，鸡蛋1个，黄豆芽50克，紫甘蓝50克，青瓜50克，盐、香油、食用油各适量

做法

1 玉米面粉和白面粉放入盆中，加鸡蛋液、水和少量盐，搅拌成面糊状。

2 取一平底锅，舀一勺面糊摊成薄饼皮。

3 黄豆芽去根洗净，紫甘蓝洗净切成细丝，青瓜洗净切成丝。

4 锅中烧水，水开后加入食用油、盐，下入黄豆芽、紫甘蓝、青瓜焯熟捞出，趁热拌入盐和香油。

5 饼皮摊开，放入上述拌好味的蔬菜，卷起来切段即可。

营养功效

此饼专为糖妈设计，搭配了粗粮——玉米面粉，还有蛋白质含量丰富的鸡蛋，维生素和膳食纤维含量丰富的3种蔬菜，营养全面且不易导致血糖升高。

钟老师小叮咛

注意控制好面糊的干稀度，不能太干，否则难摊成薄饼皮状。

营养分析小卡片

- 热量559.0千卡
- 碳水化合物81.6克
- 蛋白质20.0克
- 脂肪18.4克

红豆红薯汤

原料

红豆50克，红薯100克，牛奶50毫升

做法

1. 红豆用清水浸泡8小时，洗净备用。
2. 红薯去皮，切成块状。
3. 把红豆放入砂锅内，加入适量清水，先大火煮开，再转小火慢煮1小时（要想快速煮，可用高压锅压15分钟）。加入红薯继续煮至熟软，起锅前加入牛奶即可。

营养功效

红豆是糖尿病人群的优选食材，富含矿物质、蛋白质、维生素等，有健脾胃、利尿消肿、补血等功效。与红薯搭配，还可以起到润肠通便、提高免疫力的作用。

钟老师小叮咛

红薯的淀粉含量较高，过多食用，容易导致血糖升高。故一定要把红薯当作主食吃，而且要控制好摄入量。

营养分析小卡片

- 热量255.5千卡
- 碳水化合物49.5克
- 蛋白质12.5克
- 脂肪2.3克

五色糙米饭

原料

糙米5克，红米5克，燕麦米5克，高粱米5克，大米30克，香油适量

做法

1 除大米外，其他米全部提前浸泡6小时备用。

2 把所有米放在一起，清洗干净，放入碗中，加入比平时做白米饭多1倍的水；滴上几滴香油，放入蒸锅中，水开后大火蒸20分钟。

营养功效

五色糙米饭专为糖妈设计，适量食用，有助于控糖，同时有提高免疫力的作用。

钟老师小叮咛

此饭不宜长期大量食用，否则容易导致消化不良。

营养分析小卡片
- 热量193.7千卡
- 碳水化合物37.4克
- 蛋白质4.3克
- 脂肪3.0克

丝瓜蒸鲍鱼

原料

丝瓜1条（300克），鲍鱼100克，姜丝、葱丝、彩椒粒、盐、蒸鱼豉油、食用油、香油各适量

做法

1 鲍鱼肉用勺子挖出来，刷洗干净，切花刀备用。

2 丝瓜去皮，切厚片，在盐水中浸泡10分钟左右，捞出；放少量食用油拌匀摆盘；摆上鲍鱼肉，放上姜丝、葱丝。

3 锅中烧水，水开上锅，用大火蒸4分钟关火；拣出姜丝、葱丝，淋入蒸鱼豉油，滴几滴香油，点缀上彩椒粒即可。

营养功效

鲍鱼含有丰富的蛋白质、多种维生素和微量元素，有增强人体免疫力、促进伤口愈合的作用。丝瓜是常用的通乳食材，有通经络、解热毒、活血脉、利尿消肿等功效。两者搭配，口感清爽，营养丰富，对产后乳汁不通、少乳的宝妈非常有帮助。

钟老师小叮咛

鲍鱼属海产品，嘌呤含量较高，有高尿酸血症、痛风性关节炎，或对海产品过敏者不宜食用。另外，丝瓜属寒性食物，脾胃虚寒导致经常腹泻的宝妈不宜一次性食用过多。

紫苏姜丝炒蛤蜊

原料

蛤蜊250克，彩椒丝、姜丝、紫苏叶、盐、生抽、香油、食用油各适量

做法

1 蛤蜊清洗干净，冷水下锅，焯至开口，捞出备用。

2 热锅起食用油，下入姜丝爆香，再下入蛤蜊、生抽、盐、紫苏叶、彩椒丝翻炒均匀至入味，滴入香油，即可出锅。

营养功效

蛤蜊味道鲜美，营养丰富，富含蛋白质、钙、锌等多种营养成分，有滋阴润燥、利尿消肿、降低血脂等功效。配以紫苏叶烹调，可以适当中和蛤蜊的寒性；其独特的味道也有增强食欲的作用。

钟老师小叮咛

脾胃虚寒导致经常腹泻，以及对海鲜过敏或有痛风的人群，均不适合吃蛤蜊。

营养分析小卡片

- 热量245.0千卡
- 碳水化合物7.0克
- 蛋白质25.3克
- 脂肪12.7克

油菜炒海鲜菇

🥢 原料

小油菜200克，海鲜菇50克，红彩椒、黄彩椒、盐、姜片、香油、食用油各适量

🍴 做法

1　小油菜摘去老叶，洗净，在根部改十字花刀。

2　海鲜菇洗净，切成两段；红彩椒、黄彩椒洗净切成条状。

3　锅中烧水，水开后加入食用油、盐，先下入小油菜烫熟捞出，摆盘；再依次下入海鲜菇、红彩椒、黄彩椒焯水，捞出备用。

4　热锅放食用油，爆香姜片，下入第3步的海鲜菇、红彩椒、黄彩椒，调入盐快速翻炒均匀，滴入香油炒匀，放在油菜上即可。

🍮 营养功效

油菜中的钙、膳食纤维含量非常高，与富含氨基酸的海鲜菇搭配，不仅味道鲜美，还有促进消化、润肠通便、降脂减重、防癌抗癌等功效。

👨‍🍳 钟老师小叮咛

对菌类过敏，以及脾胃虚寒导致经常腹泻的人群要少吃或不吃这道菜。

营养分析小卡片

- ◎ 热量84.4千卡
- ◎ 碳水化合物4.8克
- ◎ 蛋白质4.1克
- ◎ 脂肪5.4克

番茄鸡蛋肉丝面片汤

营养分析小卡片
- 热量562.5千卡
- 碳水化合物79.2克
- 蛋白质24.7克
- 脂肪18.6克

原料

番茄1个，鸡蛋1个，瘦肉20克，荞麦面粉50克，白面粉50克，盐、香油、食用油、葱各适量

蛋液、瘦肉丝；随后用刀把面团削成面片状，放入一并煮熟，起锅，滴入香油，撒上葱末即可。

做法

1 荞麦面粉和白面粉加适量盐和清水，和成面团备用。

2 番茄去皮、切成丁；鸡蛋打散，瘦肉切丝，葱切末。

3 热锅放食用油，爆香葱末，下入鸡蛋液滑熟捞出；下入番茄炒至出汁，加入适量清水，水开后下入鸡

营养功效

此汤专为糖妈设计，能补充蛋白质、维生素、铁等营养成分。

钟老师小叮咛

面团需要和得硬一点，否则比较难削成片状。另外，食用的量也要控制好。

双笋炒虾仁

营养分析小卡片
○ 热量147.0千卡
○ 碳水化合物5.7克
○ 蛋白质8.5克
○ 脂肪10.5克

原料

虾仁50克，玉米笋50克，芦笋50克，海鲜菇50克，彩椒、盐、姜片、葱段、香油、食用油各适量

做法

1 虾仁开背，洗净，下盐码味，备用。

2 玉米笋洗净，斜刀切成段状；芦笋洗净，去老皮，切成斜段；海鲜菇洗净切段；彩椒洗净切段。

3 锅中烧水，水开后加入食用油、盐，依次下入玉米笋、芦笋、海鲜菇、虾仁、彩椒焯熟捞出。

4 热锅放食用油，爆香姜片、葱段，放入第3步的食材，调入盐、香油翻炒均匀即可。

营养功效

此菜搭配营养科学，卖相、口感俱佳；具有补钙、补充蛋白质、预防便秘、提高免疫力等功效，宝妈可经常食用。

钟老师小叮咛

对虾仁和芦笋过敏，或经常腹泻的人群要少吃或不吃此菜。

腐竹拌芹菜

原料

干腐竹50克，芹菜100克，彩椒、盐、姜末、香油、食用油各适量

做法

1. 干腐竹用清水泡软后洗净，切成段状。
2. 芹菜去老皮，洗净，切成5厘米左右的段状。
3. 彩椒洗净，切成条状。
4. 锅中烧水，水开后放食用油、盐，依次放入彩椒、芹菜和腐竹，焯熟捞出。
5. 放入适量姜末、盐、香油，拌匀即可。

营养功效

此菜专为糖妈设计。腐竹含有丰富的蛋白质、钙、锌等营养成分；芹菜中的维生素、膳食纤维等含量都很高。二者搭配，有降压降脂、利尿消肿、镇静安神、增进食欲等作用。

钟老师小叮咛

肾功能不全、脾胃虚寒导致经常腹泻的人群要少吃此菜。

营养分析小卡片
- 热量288.0千卡
- 碳水化合物14.3克
- 蛋白质22.7克
- 脂肪16.0克

杜仲炖乌鸡汤

营养分析小卡片

- ⊘ 热量144.0千卡
- ⊘ 碳水化合物12.6克
- ⊘ 蛋白质21.8克
- ⊘ 脂肪2.1克

原料

杜仲10克，乌鸡150克，干香菇20克，枸杞子、盐、姜片各适量

做法

1. 乌鸡去皮、去肥油，洗净，冷水下锅，焯水备用。
2. 干香菇洗净，提前用温热水泡发，顶部切十字花刀。
3. 杜仲和枸杞子洗净。
4. 取一洁净炖盅，放入乌鸡、香菇、杜仲、枸杞子和姜片，加入适量清水。
5. 把炖盅放入炖锅内，大火煲半小时，再转小火慢炖1小时，调入盐即可。

营养功效

　　杜仲有养肝肾、强筋骨等功效。乌鸡被誉为"鸡中魁首"，古书上记载它是药食同源的滋补佳品。这两种食材搭配在一起，益气补血的效果更佳。

钟老师小叮咛

　　阴虚火旺、风热感冒等人群不适宜喝此汤。另外，为血压或血糖高的宝妈烹调此汤时，应尽量除净油脂，并注意不宜一次性喝太多。

五彩养生菜

营养分析小卡片
- 热量101.0千卡
- 碳水化合物11.8克
- 蛋白质2.8克
- 脂肪5.4克

原料

山药50克，荷兰豆50克，紫甘蓝50克，彩椒、盐、姜片、香油、食用油各适量

做法

1. 山药去皮洗净，切成条状。
2. 荷兰豆去老筋，洗净，切条。
3. 紫甘蓝、彩椒洗净，切成条状。
4. 锅中烧水，水开后加入食用油、盐，依次放入山药、荷兰豆、彩椒、紫甘蓝，焯水捞出。
5. 热锅放食用油，爆香姜片，放入第4步的食材；调入盐、香油，充分炒匀即可。

营养功效

这道菜的巧妙之处在于搭配，运用了5种颜色的食材，按照中医养生理念"五色养五脏"，这些食材可以滋养我们不同的脏腑。做给新妈妈吃，会让其眼前一亮，食欲大增。

钟老师小叮咛

脾胃虚寒导致经常腹泻的人群不宜一次吃太多。

秋葵炒牛肉

营养分析小卡片
- 热量292.3千卡
- 碳水化合物11.0克
- 蛋白质21.9克
- 脂肪18.9克

原料

秋葵100克，牛肉100克，彩椒丝、盐、生抽、葱段、姜片、生粉、香油、食用油各适量

做法

1 牛肉洗净，切成厚薄均匀的片状，用盐、生抽、姜片、葱段、香油、生粉码味备用。
2 秋葵洗净，切斜刀片备用。
3 锅中烧水，水开后放入食用油、盐，放入秋葵焯水备用。
4 热锅放食用油，放入牛肉滑八成熟，捞出控油。
5 下入秋葵，调入少量盐，翻炒均匀；再倒入牛肉，充分炒匀至牛肉熟透，起锅摆盘，用彩椒丝点缀即可。

营养功效

秋葵被誉为"蔬菜之王"，有改善贫血、补钙、保护肠胃、补肾壮阳等作用。牛肉中的蛋白质、铁、锌含量都非常高。二者搭配，有补血补铁、提高免疫力的功效。

钟老师小叮咛

有过敏体质、腹泻、高尿酸血症、痛风、消化性疾病的人群要少吃或不吃此菜。

杂粮窝头

原料

黑米面粉50克，黑豆面粉50克，荞麦面粉50克，黄豆面粉50克，全麦面粉50克，中筋面粉100克，酵母8克，牛奶100毫升，长豆角粒、瘦肉末、彩椒粒、姜末、盐、香油、食用油各适量

做法

1. 把所有面粉和酵母放入盆中，混合均匀，慢慢加入清水和牛奶和匀；搓揉成光滑的面团，发酵至原来体积的2倍大；再把面团分成50克一个的剂子，在手中揉圆后，捏成窝头状。

2. 做好的窝头放入蒸锅，冷水上锅蒸至上汽后，继续蒸15分钟后关火，焖3分钟即可出锅。

3. 热锅放食用油，放入瘦肉末、长豆角粒、彩椒粒、姜末炒熟，调入盐和香油，即可作为杂粮窝头的配菜。

营养功效

此杂粮窝头专为糖妈设计，采用了5种杂粮食材，营养全面。其中的黑米面粉、黑豆面粉、荞麦面粉、黄豆面粉都是糖尿病人群的优选食材，补充能量的同时，也不易升高血糖。

钟老师小叮咛

此窝头如果发酵不好，口感会较差，制作时注意发酵好再蒸制。此外，一次的食用量不宜过多，以免造成较大血糖波动。

营养分析小卡片
- 热量1532.0千卡
- 碳水化合物172.3克
- 蛋白质74.5克
- 脂肪50.2克

陈皮炖鸭汤

营养分析小卡片
- 热量360.0千卡
- 碳水化合物0.3克
- 蛋白质23.3克
- 脂肪29.6克

原料

鸭肉150克，老陈皮5克，姜片、盐各适量

做法

1　鸭肉去皮，冷水下锅，焯水备用。

2　老陈皮用清水略泡，去瓤备用。

3　准备一个洁净的炖盅，放入鸭肉、老陈皮、姜片，再加入适量清水；炖盅放入炖锅内，先大火炖半小时，再转小火慢炖1小时，出锅前，加适量盐调味即可。

营养功效

这款汤对于没有胃口的人来说非常好，特别是坐月子期间容易积食的宝妈，常喝有健脾开胃、润肺止咳、消食化积的效果。

钟老师小叮咛

选用新会老陈皮为佳；鸭肉要处理干净皮脂再烹调。

西芹腰果炒鳕鱼

原料

鳕鱼100克，西芹100克，熟腰果15克，彩椒20克，柠檬片、姜、葱、盐、柠檬汁、香油、食用油各适量

做法

1 鳕鱼刮去鳞甲，洗净后用厨房纸吸干水分，切成粒状；用盐、姜、葱、柠檬片码味备用。

2 西芹去老皮后，切成粒状；彩椒洗净切成粒状。

3 锅中烧水，水开后放入食用油、盐，依次放入西芹和彩椒焯水备用。

4 热锅放食用油，放入鳕鱼煎熟捞出；再下入西芹、彩椒，调入少量盐，翻炒均匀；把鳕鱼倒入，滴入几滴香油和柠檬汁，混炒均匀，用柠檬片和彩椒摆盘即可。

营养功效

鳕鱼被誉为"餐桌上的营养师"，含有丰富的蛋白质、维生素A、DHA、EPA、钙、镁等多种营养成分，有降血糖、保护心脑血管的作用，是糖妈的优选食材。与西芹和腰果搭配，可以实现营养互补、荤素搭配，是男女老少都适宜的营养菜式。

钟老师小叮咛

买鳕鱼时一定要去进口大超市，否则很容易买到假鳕鱼。有一种"油鱼"长得和鳕鱼很相似，常常被无良商家用来冒充鳕鱼销售。人吃后会腹泻拉油，对身体有害。

营养分析小卡片
- 热量382.0千卡
- 碳水化合物13.5克
- 蛋白质20.6克
- 脂肪28.6克

姜黄海鲜饭

🍚 原料

大米50克，糙米50克，姜黄粉20克，洋葱50克，虾5只，彩椒粒30克，干香菇20克，葱花、盐、香油、食用油各适量

🍴 做法

1　糙米提前浸泡3小时，与大米混合在一起，清洗干净，拌入姜黄粉，加适量清水蒸熟。

2　洋葱切成丁，虾去壳开背。

3　干香菇提前泡发，去蒂洗净后，切成片状。

4　热锅放少量食用油，放入香菇片、洋葱丁、虾仁、彩椒粒炒香；再倒入米饭，调入盐充分炒匀，最后滴入香油，撒上葱花炒匀即可。

🥄 营养功效

姜黄粉对预防糖尿病、高脂血症有一定的作用。此饭专为糖妈设计，营养均衡，口感鲜香，且不易引起血糖较大波动。

👨‍🍳 钟老师小叮咛

对海鲜过敏的人群不适宜吃此饭。

营养分析小卡片
- 热量631.0千卡
- 碳水化合物112.0克
- 蛋白质32.2克
- 脂肪9.5克

石斛瘦肉汤

营养分析小卡片
- 热量91.6千卡
- 碳水化合物3.0克
- 蛋白质11.5克
- 脂肪4.0克

原料

瘦肉50克，石斛3粒，干虫草花5克，姜片、盐、枸杞子各适量

做法

1 瘦肉洗净，剁成末备用。

2 石斛和干虫草花洗净备用。

3 取一个洁净的炖盅，放入瘦肉、石斛、虫草花、枸杞子和姜片，加入适量清水；炖盅放入炖锅，大火炖半小时，再转小火慢炖1小时，起锅前，加少量盐调味即可。

营养功效

石斛既是药物，也是食材，具有增强胰岛素分泌、改善胰岛素抵抗的作用。与瘦肉搭配炖食，不仅味道更鲜美，还有提高免疫力、补气养血、滋阴润燥的功效。

钟老师小叮咛

湿气较重、大便溏薄的人群不适宜经常食用石斛。

香油拌鸡丝

原料

鸡胸肉100克，胡萝卜30克，莴笋50克，盐、香油、食用油、生抽、葱、姜各适量

做法

1. 鸡胸肉洗净，放入沸水锅中，加入葱、姜；用小火把鸡胸肉煮熟，撕成小条状。
2. 胡萝卜和莴笋分别切丝，放入沸水锅中，加食用油、盐焯熟捞出。
3. 取一个洁净容器，放入鸡胸肉丝、胡萝卜和莴笋，加适量盐、香油、生抽调味即可。

营养功效

此菜专为糖妈设计，荤素搭配，营养美味；用拌的方式进行调味，可以减少烹调用油的量，以起到更好的控糖作用。

钟老师小叮咛

脾胃虚寒导致经常腹泻的人群要少吃此菜。

营养分析小卡片

- 热量227.2千卡
- 碳水化合物47.0克
- 蛋白质25.4克
- 脂肪12.0克

西葫芦鸡蛋饼

营养分析小卡片
- 热量486.0千卡
- 碳水化合物74.4克
- 蛋白质26.7克
- 脂肪11.7克

原料

鸡蛋2个，全麦面粉100克，西葫芦100克，盐、食用油各适量

做法

1　西葫芦洗净切丝备用。

2　鸡蛋打散，加入适量盐、水，放入西葫芦、全麦面粉，充分搅拌均匀。

3　热锅放食用油，把鸡蛋面糊摊成蛋饼状，至两面呈金黄色即可出锅，切块食用。

营养功效

　　西葫芦含有较多维生素、矿物质和膳食纤维，是糖妈优选食材。搭配富含蛋白质的鸡蛋和少量面粉摊成的鸡蛋饼，既营养美味，又不易升高血糖。

钟老师小叮咛

　　脾胃虚寒者不宜多吃西葫芦，否则容易导致腹泻。

红烧黄花鱼

营养分析小卡片
- 热量471.0千卡
- 碳水化合物2.4克
- 蛋白质53.1克
- 脂肪27.4克

原料

黄花鱼1条（400克），姜末、葱末、彩椒粒、香油、盐、生抽、食用油各适量

做法

1 黄花鱼去除内脏，刮去鳞甲，清洗干净，用盐、姜末、葱末码味备用。
2 用厨房纸把黄花鱼身上的水分吸干。
3 热锅放食用油，把黄花鱼放入油锅中，煎至两面金黄时，加适量清水；放入姜末、盐、生抽调味，焖煮5分钟；最后放入彩椒粒、葱末、香油即可。

营养功效

黄花鱼属于海鱼，肉质细嫩，味道鲜美，含有丰富的蛋白质、维生素及矿物质，有提高免疫力、补血益气等功效，非常适合产后体虚的宝妈食用。

钟老师小叮咛

肾功能不全、哮喘，或对海鲜过敏者应少吃或不吃此菜。

草菇彩椒炒包菜

原料

草菇50克，包菜250克，彩椒粒30克，姜片、葱段、盐、香油、食用油各适量

做法

1 草菇洗净切片。
2 包菜洗净，撕成片状。
3 锅中烧水，水开后加食用油、盐，放入草菇、包菜和彩椒粒焯水备用。
4 热锅放食用油，爆香姜片和葱段，放入第3步的食材，调入盐、香油，充分炒匀即可。

营养功效

草菇是常见的菌类，味道鲜美，含有丰富的氨基酸，与富含维生素和膳食纤维的包菜搭配，具有提高免疫力、预防便秘等功效，非常适合糖妈食用。

钟老师小叮咛

脾胃虚寒导致经常腹泻、胀气的人群要少吃此菜。

营养分析小卡片
- 热量171.3千卡
- 碳水化合物15.6克
- 蛋白质5.5克
- 脂肪10.7克

秋葵木耳番茄肉片汤

原料

瘦肉50克，番茄半个，泡发黑木耳30克，秋葵50克，生粉、姜片、盐、香油各适量

做法

1 瘦肉洗净，切成薄片，用盐、生粉码味备用。

2 番茄洗净切成片状，秋葵洗净切成圈状。

3 起锅烧水，先放入姜片、番茄和黑木耳煮至出味，再放入瘦肉片和秋葵煮熟，最后加盐和香油调味即可。

营养功效

此汤专为糖妈设计，富含维生素、蛋白质、铁、膳食纤维等营养素，具有提高免疫力、润肠通便、排毒养颜等功效。

钟老师小叮咛

尿酸高、有肾结石、脾胃虚寒、容易腹泻的人群应少喝或不喝此汤。

营养分析小卡片
- 热量217.2千卡
- 碳水化合物12.0克
- 蛋白质12.5克
- 脂肪14.2克

鱿鱼炒芹菜

🍽 原料

鲜鱿鱼150克，芹菜150克，彩椒20克，姜片、葱段、盐、香油、料酒、食用油各适量

🍳 做法

1. 鲜鱿鱼去皮、内脏，切麦穗花刀。
2. 芹菜和彩椒分别洗净，切成粗条状。
3. 锅中烧水，水开后放入姜片、葱段、料酒，放入鱿鱼氽烫，捞出备用。
4. 另起锅烧水，水开后加食用油、盐，放入芹菜、彩椒焯水，捞出备用。
5. 热锅放食用油，放入姜片、葱段爆香，下鱿鱼翻炒均匀，调入少量盐；再放入芹菜、彩椒继续翻炒均匀，最后滴入香油即可。

营养分析小卡片
- 热量241.4千卡
- 碳水化合物6.1克
- 蛋白质27.0克
- 脂肪12.7克

营养功效

　　鱿鱼属于海产品，含有丰富的蛋白质及钙、铁、磷、钾等营养成分，与富含维生素、钙、铁、磷、膳食纤维等营养成分的芹菜搭配，具有防治贫血、预防糖尿病、利尿消肿、清热解毒、缓解疲劳等功效。

钟老师小叮咛

　　鱿鱼属于发物，产后伤口没有愈合的宝妈不要食用。此外，对海鲜过敏者、痛风患者、有心脑血管疾病的人群应少吃或不吃鱿鱼。

虫草花蒸鸡翅

原料

鸡翅200克，干虫草花20克，姜片、葱段、盐、生抽、香油、枸杞子各适量

做法

1. 鸡翅洗净，划上一字花刀，加盐、香油、生抽、姜片、葱段码味备用。
2. 干虫草花和枸杞子洗净沥干水分，撒在鸡翅上，摆好盘。
3. 锅中烧水，水开后放入鸡翅，大火蒸12分钟即可。

营养功效

防治糖尿病最重要的一点就是护肝。虫草花中的虫草多糖能降低羟辅氨酸的含量，促进肝细胞的修复，有保肝作用。此外，虫草花中的腺苷、虫草素等成分还能修正人体内的葡萄糖代谢，改善血糖浓度，可防治糖尿病。虫草花与鸡肉搭配，不仅颜色金黄、味道鲜美，还能起到补充蛋白质、提高免疫力的功效。

钟老师小叮咛

鸡翅中含有一定量的脂肪，糖妈食用时应注意选材和控制食用量。对真菌过敏的人群要慎吃此菜。

营养分析小卡片

- 热量453.0千卡
- 碳水化合物20.4克
- 蛋白质33.2克
- 脂肪27.2克

蛋饼蔬菜卷

营养分析小卡片
- 热量731.5千卡
- 碳水化合物80.1克
- 蛋白质46.6克
- 脂肪28.9克

原料

鸡蛋1个，全麦面粉100克，绿豆芽、紫甘蓝、豆皮、盐、香油、葱花、食用油各适量

做法

1. 鸡蛋打入全麦面粉内，再加入适量水、盐充分搅匀，最后撒入葱花备用。

2. 取一平底锅，放入适量食用油，舀入面糊，摊成蛋饼状备用。

3. 锅中烧水，水开后加入食用油、盐，依次放入紫甘蓝、绿豆芽、豆皮烫熟捞出，加入少量盐、香油调味备用。

4. 用鸡蛋皮把第3步的蔬菜卷起来，切斜段即可。

营养功效

此卷专为糖妈设计。4种食材搭配，如蛋类、豆制品类、蔬菜类、杂粮类，营养比例得当、全面均衡，适合糖妈经常当作主食食用。

钟老师小叮咛

摊此饼时，油不能放得过多，以免过于油腻而影响口感。

罗宋汤

茄，炖至牛肉熟软，起锅前，加盐调味，用芹菜装饰即可。

🍲 原料

牛肉100克，洋葱50克，番茄50克，胡萝卜50克，芹菜50克，姜、葱、盐各适量

🍳 做法

1 牛肉洗净切成块状，冷水下锅，加姜、葱焯水备用。

2 洋葱、番茄、胡萝卜分别洗净切块；芹菜洗净切小段备用。

3 炖锅内加适量清水，先放入牛肉煲20分钟；再放入胡萝卜、洋葱和番

🥣 营养功效

此汤搭配了5种不同的食材，营养丰富，有补血、改善视力、预防便秘、健脾养胃、降压强心等作用。

👨‍🍳 钟老师小叮咛

牛肉要选用纯瘦牛肉，不宜选用肥牛腩，以免摄入过多脂肪。

营养分析小卡片
- 热量213.5千卡
- 碳水化合物12.6克
- 蛋白质21.7克
- 脂肪9.1克

蛋白煮丝瓜

营养分析小卡片
- 热量135.0千卡
- 碳水化合物13.6克
- 蛋白质9.7克
- 脂肪5.7克

原料

丝瓜1条（300克），鸡蛋清2个，盐、香油、食用油、姜丝、枸杞子各适量

做法

1 丝瓜去少许皮，切成条状，用盐水浸泡备用。

2 锅中烧水，水开后放入食用油、盐、姜丝，下丝瓜焯熟，捞出摆盘。

3 锅中留少量丝瓜汤，下入鸡蛋清，待蛋清凝固后马上关火；调入盐和香油，撒入枸杞子，淋在丝瓜上即可。

营养功效

丝瓜含有丰富的蛋白质、维生素C及钙、铁、磷等多种营养成分，与富含优质蛋白质的鸡蛋清搭配，具有滋阴润燥、通乳调经、提高免疫力等功效，非常适合产后妈妈食用。

钟老师小叮咛

脾胃虚寒导致经常腹泻的人群要少吃此菜。

红烧鸡翅

营养分析小卡片
- 热量421.0千卡
- 碳水化合物12.3克
- 蛋白质31.1克
- 脂肪28.2克

原料

鸡翅200克，油菜200克，姜片、葱段、生抽、盐、胡萝卜丝、香油、食用油各适量

做法

1 鸡翅洗净改花刀，用盐、姜片、葱段码味备用。

2 油菜摘去老叶，洗净备用。

3 热锅放食用油，放入鸡翅煎至两面金黄，加入适量清水，调入少量生抽，大火焖煮入味，收汁后关火。

4 锅中烧水，水开后加入食用油、盐，放入油菜烫熟，捞出，用盐和香油拌匀摆盘，顶部插入胡萝卜丝；把鸡翅盛出，摆在油菜中间即可。

营养功效

鸡翅含有丰富的蛋白质、维生素A和胶原蛋白，具有提高免疫力、保护视力、美容养颜等功效。与富含钙、维生素、膳食纤维的油菜进行荤素搭配，营养和口感更丰富。

钟老师小叮咛

鸡翅含有一定的脂肪，食用时应注意控制摄入量，不宜一次摄入过多。

魔芋烧鸭

原料

鸭肉150克，魔芋250克，红彩椒粒、姜末、葱花、香油、生抽、盐、食用油各适量

做法

1. 鸭肉和魔芋切块，分别焯水备用。
2. 热锅放食用油，放入鸭肉和姜末炒香，下入魔芋和红彩椒粒，加清水没过食材，调入适量盐和生抽，烧煮至食材变软和入味；滴入香油，撒上葱花即可。

营养功效

魔芋的饱腹感强，热量低，升糖指数（GI值）不高，糖妈可适量食用；与鸭肉搭配，有利水消肿、滋阴补虚、增进食欲等功效。

钟老师小叮咛

魔芋和鸭肉都为寒性，寒性体质、感冒、容易腹泻的人群要少吃此菜。

营养分析小卡片
- 热量237.5千卡
- 碳水化合物11.8克
- 蛋白质22.8克
- 脂肪12.3克

产后第三周·第19天 晚餐

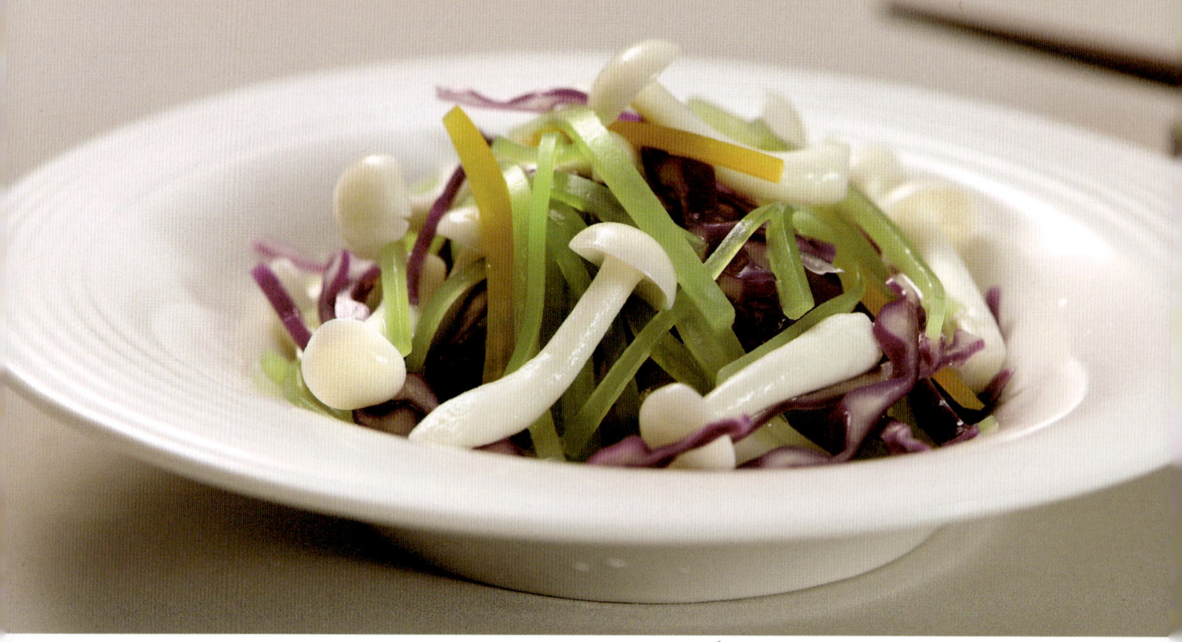

香油菌菇拌紫甘蓝

营养分析小卡片

- 热量90.5千卡
- 碳水化合物8.2克
- 蛋白质3.2克
- 脂肪5.3克

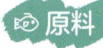

原料

海鲜菇50克，莴笋100克，紫甘蓝50克，黄彩椒10克，盐、香油、食用油各适量

做法

1. 海鲜菇洗净，切成2段。
2. 莴笋、紫甘蓝和黄彩椒洗净，分别切成丝状。
3. 锅中烧水，水开后调入盐、食用油，依次放入海鲜菇、莴笋、紫甘蓝和黄彩椒焯熟捞出；放入盐、香油充分拌匀即可。

营养功效

此菜专为糖妈设计，搭配了4种颜色艳丽的食材，可以增进食欲，且营养丰富，具有提高免疫力、补充钙质、预防便秘等功效。

钟老师小叮咛

脾胃虚寒导致经常腹泻的人群要少吃此菜。

香菇白菜豆腐包

原料

干香菇20克，白菜200克，白豆腐干100克，虾皮10克，鸡蛋1个，白面粉150克，荞麦面粉50克，酵母3克，红曲粉、盐、生抽、香油、葱花、姜末、食用油各适量

做法

1 白面粉和荞麦面粉混合均匀，加酵母、红曲粉和适量清水揉成面团，发酵备用。

2 干香菇提前用温热水泡发，洗净去蒂后，切成粒状。

3 白菜切碎后放少量盐，攥出水分。

4 热锅放食用油，滑散鸡蛋后关火，下入白豆腐干、香菇、虾皮、白菜，加盐、香油、生抽、姜末和葱花调味。

5 把发酵好的面团均匀分成面剂，用擀面杖擀成面皮，放入馅料，包成包子，再次醒发10~20分钟。

6 蒸锅内烧水，水开后放入包子，大火蒸15分钟，关火后再焖3分钟即可。

营养功效

此菜专为糖妈设计，其中的香菇、白菜、豆腐干、鸡蛋、荞麦面粉都是糖妈的优选食材。通过合理配比，不仅口感好、味道鲜美，还有提高免疫力、补充优质蛋白质、补钙等作用。

钟老师小叮咛

对虾皮过敏的人要先把虾皮去掉。香菇白菜豆腐包虽好吃，但也要控制食用量。

营养分析小卡片
- 热量1141.0千卡
- 碳水化合物178.0克
- 蛋白质57.4克
- 脂肪25.4克

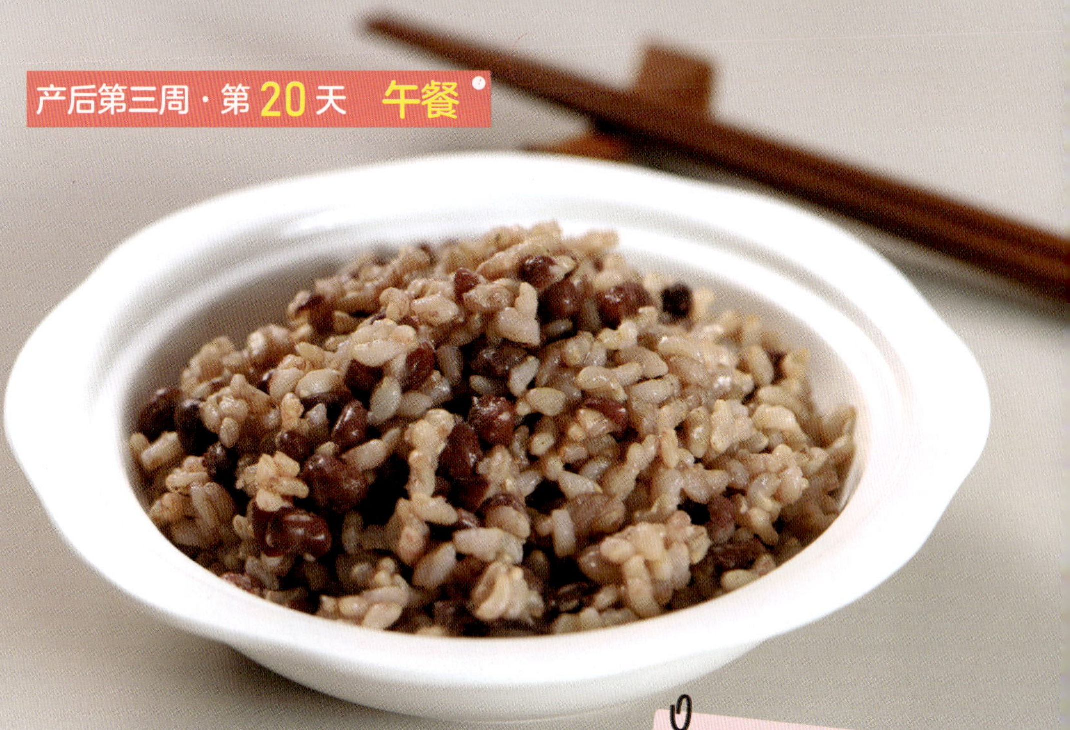

产后第三周·第20天 午餐

红豆糙米饭

营养分析小卡片
- 热量307.4千卡
- 碳水化合物66.2克
- 蛋白质9.5克
- 脂肪1.1克

原料

红豆20克，糙米20克，大米50克

做法

1 红豆和糙米提前浸泡6小时，洗净备用。

2 大米洗净，和红豆、糙米一起混合，加入适量清水，放入电饭锅内煮熟。

营养功效

糙米和红豆都是糖尿病人群的优选食材。糙米中所含的锌、铬、钒等微量元素有助于增强胰岛素的敏感性，糖妈经常食用较有益处。红豆的蛋白质、钾、镁、铁、B族维生素、膳食纤维等营养素的含量都非常丰富，有健脾益肾、利尿消肿、调节血糖等作用。红豆也是坐月子期间的常用食材，有促进乳汁分泌、补血补铁的作用。

钟老师小叮咛

胃肠功能不好、体质偏寒的人群要少吃此饭。

虾仁鲫鱼玉米汤

🍲 原料

麻虾5只（100克），鲫鱼1条（约150克），玉米100克，盐、姜片、食用油各适量

🍳 做法

1 麻虾剥壳，挑去虾线，洗净备用。

2 鲫鱼去净内脏、鳃，充分刮洗干净，沥干水分。

3 玉米洗净，剥粒。

4 热锅放食用油，放入鲫鱼，煎至两面金黄；加入开水和姜片，大火煲至鱼汤变白；先下入玉米粒煮2分钟，再下入虾仁煮2分钟；最后调入适量盐调味即可。

😋 营养功效

　　此汤专为产后妈妈设计。虾和鲫鱼都含有丰富的优质蛋白质，催乳效果极佳。配以玉米一起烹调，汤品味道鲜美、清甜，还可以增进宝妈的食欲。

👨‍🍳 钟老师小叮咛

对虾过敏的宝妈，或宝宝长湿疹的乳母，不宜喝此汤。

营养分析小卡片
- 热量358.0千卡
- 碳水化合物30.1克
- 蛋白质48.0克
- 脂肪5.8克

香卤牛肉

营养分析小卡片
- 热量480.0千卡
- 碳水化合物1.5克
- 蛋白质60.0克
- 脂肪26.1克

原料

牛肉300克，盐、生抽、料酒、姜片、葱段、彩椒丝、青瓜片各适量

做法

1. 牛肉冷水下锅，放入姜片、葱段、料酒，焯水备用。

2. 另起一锅水，放入盐、生抽、料酒、姜片、葱段煮开；下入牛肉，用中小火卤制至熟软，即可关火。

3. 让卤好的牛肉在汤汁中浸泡至自然冷却，捞出切片，和青瓜片一起摆盘，用彩椒丝装饰即可。

营养功效

　　牛肉的蛋白质、铁、锌等营养成分含量都很高，具有益气补虚、强筋骨、补血补铁等功效。相比于猪肉，其脂肪含量要低很多，比较适合糖妈食用。

钟老师小叮咛

　　牛肉属于发物，产后伤口未愈合和过敏体质的宝妈要慎吃。

番茄鸡蛋汤

原料

番茄150克，鸡蛋1个，盐、香油、葱花各适量

做法

1. 番茄洗净切块，放入锅中，加适量清水煮至出味。
2. 鸡蛋打散，倒入锅中，迅速搅起至呈蛋花状，关火；最后调入盐，滴入香油，撒上葱花即可。

营养分析小卡片
- 热量137.0千卡
- 碳水化合物6.2克
- 蛋白质7.9克
- 脂肪9.6克

营养功效

番茄富含番茄红素、维生素C等营养成分。鸡蛋是优质蛋白质的主要食物来源之一，取材方便，价格实惠，是月子餐中的常用食材。两者搭配，营养互补，有提高免疫力、增进食欲、润肠通便等作用。

钟老师小叮咛

脾胃虚寒的人群不要一次喝太多此汤。

彩椒芹菜炒猪肚

原料

猪肚200克，芹菜100克，彩椒50克，姜片、葱段、生抽、盐、香油、料酒、白胡椒、白面粉、食用油各适量

做法

1. 猪肚用盐、白面粉和料酒充分抓洗干净，冷水下锅，放入葱段、姜片、料酒焯水备用。
2. 把焯好水的猪肚放入高压锅内，加入葱段、姜片、白胡椒、料酒，压15分钟左右，以筷子较容易插透为宜。
3. 猪肚切成条状，留取100克备用，其余放入冰箱改日食用。
4. 芹菜去老筋，洗净切成条状；彩椒洗净切成条状。
5. 热锅放食用油，爆香姜片、葱段，下入猪肚条炒匀，放少量生抽调味；再下入芹菜和彩椒混炒；最后放入少量盐和香油调味即可。

营养功效

猪肚有很好的食疗作用。中医认为，猪肚属温性，入脾经和胃经，有健脾养胃、补益虚损等作用。与富含膳食纤维、铁、B族维生素等营养成分的芹菜搭配，营养更丰富，还能增进食欲。

钟老师小叮咛

猪肚中的肥油在烹调时一定要先清除干净，且一次的食用量不宜过多。

营养分析小卡片

- 热量340.0千卡
- 碳水化合物9.4克
- 蛋白质31.6克
- 脂肪20.4克

南瓜虾米炒粉丝

营养分析小卡片
- 热量320.0千卡
- 碳水化合物46.3克
- 蛋白质9.8克
- 脂肪10.6克

原料

南瓜50克，龙口粉丝50克，干虾米20克，干香菇2朵，姜末、葱花、香油、生抽、食用油各适量

做法

1 南瓜去皮切丝，龙口粉丝用开水泡软备用。

2 干虾米用清水泡软；干香菇泡软切成片。

3 热锅放少量食用油，下入虾米、香菇、姜末炒香；再下入南瓜炒至变色，倒入粉丝，放少量生抽调味，快速翻炒均匀；滴入香油，撒上葱花即可。

营养功效

南瓜属于粗粮，含有丰富的可溶性植物纤维。适当吃南瓜，对胃肠道很有益处。与绿豆加工而成的龙口粉丝搭配，非常适合糖妈作为主食食用。

钟老师小叮咛

血糖不稳定的糖妈可以把老南瓜换成嫩南瓜。宜选用由绿豆制成的粉丝。

清蒸鳕鱼

营养分析小卡片
- 热量190.5千卡
- 碳水化合物7.2克
- 蛋白质16.6克
- 脂肪10.9克

原料

鳕鱼1小块（100克），姜片、葱段、柠檬片、盐、小番茄、熟毛豆各适量

做法

1 鳕鱼解冻后去除鱼鳞，清洗干净，用适量盐码味备用。

2 取一个陶瓷盘，盘底垫上葱段，摆上鳕鱼，再放一片姜片和柠檬片。

3 蒸锅中烧水，水开后放入鳕鱼，大火蒸6分钟关火；拣除葱段、姜片和柠檬片，摆上小番茄、熟毛豆装饰即可。

营养功效

鳕鱼是一种名贵的深海鱼，含有丰富的优质蛋白、DHA、维生素、镁等多种营养成分，有保护心脑血管、提高免疫力、促进营养吸收等作用。鳕鱼的升糖指数（GI值）比较低，有利于控制血糖，是糖妈的优选食材。

钟老师小叮咛

对海鲜过敏者，以及有消化不良、高尿酸血症和痛风的人群应慎吃鳕鱼。

荞麦饭

 原料

荞麦20克，大米50克，食用油适量

做法

1 荞麦用温水浸泡3小时，与大米一起淘洗干净。

2 二者放入电饭锅内，加入适量清水，滴上几滴食用油，按下煮饭键煮熟即可。

营养功效

　　荞麦中含有丰富的蛋白质、膳食纤维、赖氨酸、铬、硒、谷胱甘肽等营养成分，有止咳平喘、抗炎、降脂、控糖等作用，是糖妈的优选食材。

钟老师小叮咛

　　荞麦不易消化，故不宜大量食用；有胃肠疾病、低血糖的人群要少吃。

营养分析小卡片
- 热量240.4千卡
- 碳水化合物53.2克
- 蛋白质5.8克
- 脂肪0.9克

产后第三周·第21天 午餐

黄芪乌鸡汤

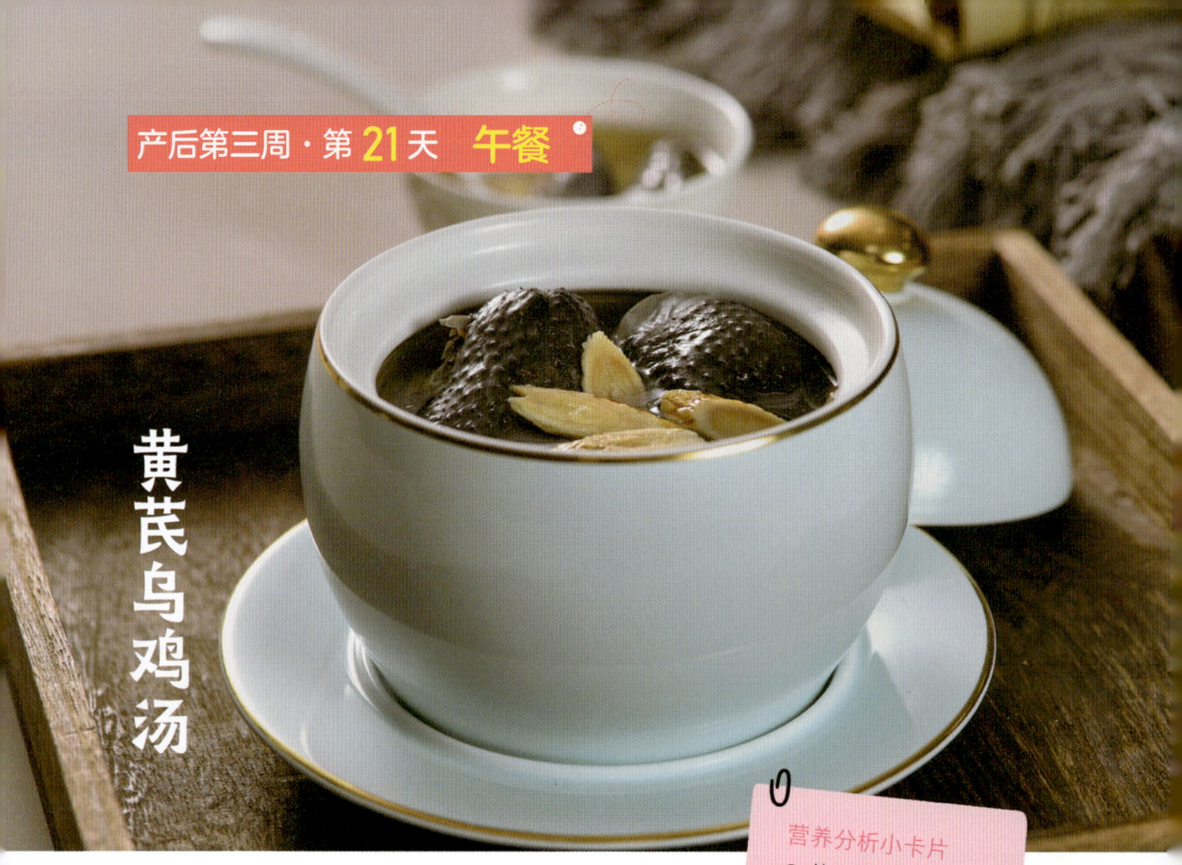

营养分析小卡片
- 热量88.8千卡
- 碳水化合物0.2克
- 蛋白质17.8克
- 脂肪1.8克

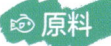

原料

乌鸡150克，黄芪10克，姜片、葱段、盐各适量

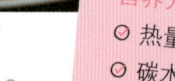

做法

1 乌鸡洗净，剁成块状，把皮和油去除干净。

2 乌鸡冷水下锅，放入姜片、葱段，焯去血水，捞出洗净；黄芪洗净备用。

3 取一个洁净的炖盅，放入乌鸡、黄芪、姜片，加入适量清水。

4 把炖盅放入炖锅内，加适量水，先大火炖半小时，再转小火慢炖1小时，调入少量盐即可。

营养功效

此汤专为产后妈妈设计。黄芪具有健脾补气、利水消肿、促进钙吸收的作用。与被誉为“鸡中之魁”的乌鸡搭配，有催乳、益气补血、提高免疫力等功效。

钟老师小叮咛

此汤虽营养丰富，但也不要过量喝。烹调时，要注意先把鸡皮和鸡油去除干净。

番茄紫菜汤

原料

番茄1个，紫菜20克，盐、香油、葱花各适量

做法

1. 番茄洗净，用开水烫去皮，切成块。
2. 锅中烧水，水开后加入番茄煮至出味；下入紫菜略煮，调入盐，滴入几滴香油，撒上葱花即可。

营养功效

紫菜含有丰富的钙、铁等营养成分；番茄的维生素C、番茄红素、有机酸等含量较高。两者搭配食用，有补钙、增强免疫力、健胃消食等作用。

钟老师小叮咛

甲状腺功能亢进、脾胃虚寒、腹泻等人群要少喝或不喝此汤。

营养分析小卡片

- 热量120.5千卡
- 碳水化合物14.4克
- 蛋白质6.9克
- 脂肪5.6克

产后第三周 · 第21天　晚餐

芹菜肉丝炒豆干

原料

芹菜100克，瘦肉50克，豆干100克，姜丝、彩椒、葱段、生抽、盐、生粉、香油、食用油各适量

做法

1 瘦肉洗净切成肉丝，用盐、生抽、生粉、姜丝、葱段码味备用。

2 芹菜摘去老叶，洗净，切成5厘米左右的段状。

3 豆干洗净切成条状，彩椒洗净切成条状。

4 热锅放食用油，放入瘦肉丝滑熟，捞出控油；下入豆干略炒，加入芹菜和彩椒，调入盐快速炒匀；最后倒入瘦肉丝，滴入香油充分炒匀即可。

营养功效

芹菜的膳食纤维、铁含量较高；豆干和瘦肉的蛋白质、钙等含量较高。三者搭配，营养互补，相得益彰，有补充优质蛋白质、通便、增进食欲等作用。

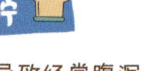

钟老师小叮咛

脾胃虚寒导致经常腹泻、血压过低的人群要少吃芹菜。

营养分析小卡片

- 热量394.0千卡
- 碳水化合物17.0克
- 蛋白质25.7克
- 脂肪25.4克

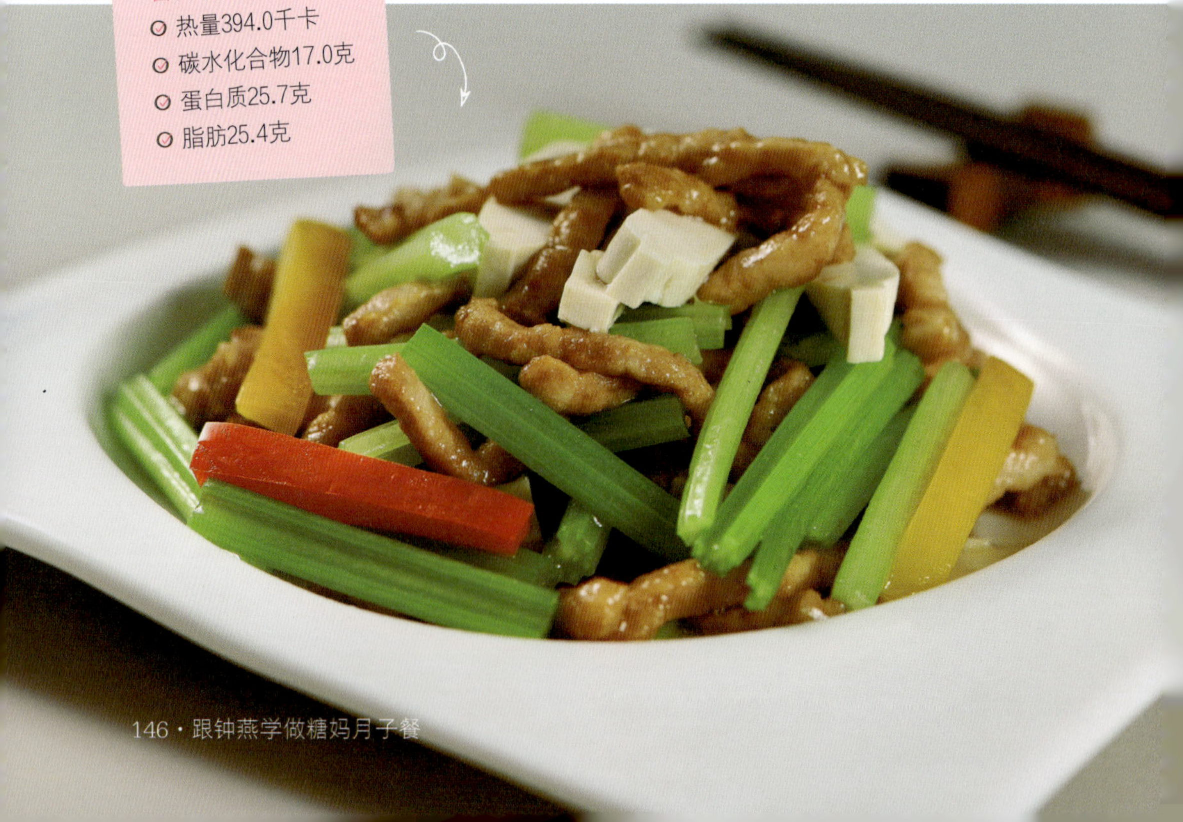

产后第四周饮食这样安排

日期	早餐	早加餐	午餐	午加餐	晚餐	晚加餐
第22天	翡翠白玉饺	蒸玉米	青木瓜眉豆鱼尾汤、黑椒芦笋炒牛柳、紫甘蓝炒彩椒、红米饭	火龙果	双耳炒肉片、莲子猪肚汤、四色炒鸡丁、杂粮饭	鹌鹑蛋
第23天	肉丝青菜荞麦面	牛奶蔬菜卷	虾仁蒸蛋、玉米饭、白灼芥蓝、党参炖鸡汤	苹果燕麦奶昔	冬瓜瑶柱炖排骨汤、杂粮饭、牡蛎豆腐煮丝瓜、清炒莜麦菜	雪莲子炖桃胶
第24天	牛肉夹饼、蔬菜汤	红豆薏米汤	四神排骨汤、黄花鱼烧豆腐、清炒小白菜、杂粮饭	橙子	番茄鸡蛋汤、西葫芦炒虾仁、蛋白虫草花煮菠菜、杂粮饭	葛根粉
第25天	紫菜虾皮馄饨	柚子牛奶燕麦片	糙米饭、金针木耳炖鸡汤、清炒莴笋片、茶树菇炒牛肉	猕猴桃	青红椒炒小鱼干、茭白炒肉丝、海参炖鸡汤、杂粮饭	黑豆花生豆浆
第26天	肉菜包、豆浆	南瓜虾皮汤	五指毛桃炖瘦肉汤、杂粮饭、洋葱彩椒炒鸡丝、白灼菜心	番石榴	鱼骨鸡蛋菌菇汤、杂粮饭、莴笋滑鱼片、姜汁炒芥蓝	苏打饼干、核桃黑芝麻糊
第27天	玉米发糕、纯牛奶、烫青菜	木瓜银耳炖牛奶	眉豆花生鸡脚汤、肉末莴笋丝、木耳洋葱炒鸡蛋、杂粮饭	木瓜奶昔	羊肚菌酿肉、杂粮饭、腐竹青瓜炒彩椒、平菇番茄豆腐汤	无糖奶粉
第28天	荞麦麻酱卷、豆浆、烫青菜	鲜橙蒸蛋	清蒸太阳鱼、西芹玉米炒百合、黄芪炖乌鸡汤、清炒红苋菜、杂粮饭	草莓	瓜花炒珍菌、姜汁白灼虾、猴头菇炖骨头汤、杂粮饭	牛奶、坚果

翡翠白玉饺

原料

干香菇20克，白菜200克，干黑木耳10克，鸡蛋1个，全麦面粉100克，菠菜汁、盐、香油、姜末、食用油、葱花各适量

营养分析小卡片
- 热量609.0千卡
- 碳水化合物95.1克
- 蛋白质27.8克
- 脂肪18.0克

做法

1. 先取一半全麦面粉加入少量盐，滴入几滴食用油，少量、多次地添加水和成白面团；剩下的一半全麦面粉用菠菜汁和面，方法与和白面一样，揉成面团后，盖上盖子，醒面30分钟。
2. 干香菇用温热水泡发后去蒂，切成粒状。
3. 干黑木耳泡发洗净，剁成末。
4. 白菜洗净切碎，放盐拌匀，出水后挤干水分。
5. 鸡蛋打散，在油锅内快速炒成蛋碎。
6. 把所有材料放在一起，加盐、香油、葱花、姜末，充分搅拌均匀，即成饺子馅。
7. 把醒好的绿面团擀开；白面团搓成条状，放在绿面团上包裹起来，搓成长条，分成均匀的面剂；擀成面皮，包入馅料，即成饺子。
8. 锅中烧水，水开后放入饺子煮熟即可。

营养功效

此饺子专为糖妈设计。香菇、白菜、黑木耳、鸡蛋都是糖尿病人群的优选食材。四者搭配，营养全面均衡，有补充优质蛋白质、提高免疫力、补铁等作用。

钟老师小叮咛

包饺子时尽量做到皮薄馅大，食用时要避免摄入过多碳水化合物。

青木瓜眉豆鱼尾汤

原料

草鱼尾1个（500克），青木瓜半个，眉豆20克，姜片、盐、食用油各适量

做法

1. 草鱼尾去除鳞甲，清洗干净，沥干表面水分备用。
2. 眉豆提前浸泡8小时。
3. 青木瓜洗净切块。
4. 热锅放食用油，爆香姜片，下入草鱼尾，煎至两面金黄备用。
5. 砂锅内放适量水烧开，放入草鱼尾、眉豆、青木瓜块、姜片；大火熬煮约30分钟，至汤白且食材熟透变软，调入适量盐即可。

营养功效

此汤专为哺乳期的糖妈设计。青木瓜和草鱼尾都是促进乳汁分泌的好食材。眉豆中的磷脂可以促进胰岛素分泌，增强糖代谢的作用，有助于控糖，是糖尿病人群的优选食材。三者搭配，不仅下奶效果极佳，还有增强免疫力、健脾祛湿等作用。

钟老师小叮咛

消化不良、容易胀气、脾胃虚寒的宝妈要少吃眉豆和青木瓜。

营养分析小卡片
- 热量718.8千卡
- 碳水化合物34.1克
- 蛋白质87.9克
- 脂肪26.5克

黑椒芦笋炒牛柳

原料

牛柳肉100克，芦笋3条，彩椒、姜丝、葱段、黑胡椒、盐、生抽、生粉、食用油各适量

做法

1 牛柳肉洗净切成条状，用盐、黑胡椒、生抽、生粉、姜丝、葱段码味备用。
2 芦笋洗净，去掉老皮，切成段状。
3 彩椒洗净切成丝。
4 锅中烧水，水开后放入食用油、盐，依次下入芦笋和彩椒焯水。
5 热锅放食用油，放入牛柳肉滑熟后捞出控油；下入第4步的配菜，调入盐翻炒均匀，倒入牛柳肉充分翻炒均匀，芦笋摆盘，用彩椒丝点缀即可。

营养功效

芦笋和牛肉都是糖尿病人群的优选食材。二者搭配，口感爽脆嫩滑，有补中益气、健脾养胃、强健筋骨的作用。

钟老师小叮咛

芦笋中含有大量草酸，制作时一定要先焯水，以有效去除草酸。此外，宝宝长有湿疹时，哺乳的宝妈则不宜吃牛肉。

营养分析小卡片

- 热量241.0千卡
- 碳水化合物11.9克
- 蛋白质25.3克
- 脂肪11.0克

双耳炒肉片

营养分析小卡片
- 热量370.7千卡
- 碳水化合物32.1克
- 蛋白质25.4克
- 脂肪18.4克

原料

瘦肉100克，干银耳20克，干黑木耳20克，彩椒20克，姜片、葱段、盐、生抽、香油、生粉、食用油各适量

做法

1. 瘦肉洗净切成薄片，用少量盐和生粉码味备用。
2. 干银耳和干黑木耳提前泡发，撕成小朵后清洗干净。
3. 锅中烧水，水开后放入瘦肉片汆烫5秒后捞出；再放入银耳、黑木耳和彩椒焯熟。
4. 热锅放少量食用油，爆香姜片和葱段，放入瘦肉片翻炒，调入生抽；

再放入第3步的所有配菜，滴入香油充分炒匀即可。

营养功效

银耳和黑木耳都是低升糖指数（GI值）食物，很多人习惯用银耳煲糖水，但炒或凉拌银耳更适合糖妈食用。与瘦肉搭配，有滋阴润燥、补血补铁等功效。

钟老师小叮咛

消化吸收功能差、容易腹泻的人群要少吃此菜。

莲子猪肚汤

营养分析小卡片
- 热量597.0千卡
- 碳水化合物15.2克
- 蛋白质43.7克
- 脂肪40.2克

原料

猪肚100克，龙骨2块（150克），干莲子20克，姜片、盐、葱段、料酒、白面粉各适量

做法

1. 猪肚用盐、白面粉和料酒充分抓洗干净，冷水下锅，放入葱段、姜片、料酒焯透后，捞出切成条。
2. 龙骨清洗干净。
3. 取一个炖锅，把猪肚、龙骨、干莲子、姜片放入，加入适量清水；大火炖开，再转小火慢炖1小时至猪肚熟软，调入少量盐即可。

营养功效

莲子有养心安神、补中益气、滋阴降火的作用；与猪肚搭配，可以起到补充优质蛋白质、增强体质的作用，很适合睡眠质量不好、产后体虚的宝妈食用。

钟老师小叮咛

此汤不宜在刚生产完喝，容易引起胃胀气。适宜在生产第二周后食用，但要注意食用量。烹调时也要注意尽量去除猪肚油脂。

四色炒鸡丁

原料

鸡胸肉100克，黄瓜100克，胡萝卜20克，鲜香菇50克，盐、姜粒、葱花、香油、食用油各适量

做法

1 鸡胸肉洗净切成粒状，用少量盐码味备用。

2 黄瓜去皮洗净，切成丁；胡萝卜洗净，切成丁；鲜香菇去蒂，洗净切成丁。

3 锅中烧水，水开后放入食用油、盐，先放入鸡胸肉烫熟捞出，再依次下入胡萝卜、香菇、黄瓜焯水，捞出备用。

4 热锅放少量食用油，爆香姜粒、葱花，下入其余所有食材，调入盐、香油，充分翻炒均匀即可。

营养功效

此菜专为糖妈设计。以低脂肪、高蛋白的鸡胸肉为肉类食材，搭配低生糖食材——黄瓜，再配以氨基酸含量较高的香菇等食材，使整个菜品营养又美味。

钟老师小叮咛

如果宝宝容易腹泻，哺乳的宝妈则要少吃青瓜。

营养分析小卡片
- 热量244.8千卡
- 碳水化合物7.9克
- 蛋白质26.7克
- 脂肪12.3克

肉丝青菜荞麦面

营养分析小卡片
- 热量305.5千卡
- 碳水化合物37.5克
- 蛋白质17.4克
- 脂肪10.6克

原料

瘦肉50克，荞麦面50克，青菜100克，盐、生抽、彩椒粒、葱花、姜丝、食用油、香油各适量

做法

1. 瘦肉洗净，切成丝状。
2. 青菜去老叶洗净。
3. 热锅放食用油，下入姜丝爆香，再下入瘦肉丝炒熟；加入适量开水，加入盐、生抽、香油调好味。
4. 另起锅烧水，水开后依次放入荞麦面、彩椒粒和青菜煮熟，捞出放入面碗中；浇入肉丝汤，撒上葱花即可。

营养功效

荞麦面是一种粗粮，含有丰富的植物蛋白、膳食纤维、锌、镁、硒、铬等多种营养成分，有增强血管弹性、降血脂、促进新陈代谢等功效，很适合"三高"人群。搭配瘦肉、青菜，增加了蛋白质、铁、维生素等营养成分的摄入，配比更科学合理。

钟老师小叮咛

胃肠功能弱的人群不宜过多食用荞麦面。

牛奶蔬菜卷

原料

白面粉50克，牛奶50克，紫甘蓝20克，豆皮1张（20克），胡萝卜、黄豆芽、青瓜各20克，盐、姜汁、葱花、香油、食用油各适量

做法

1 牛奶和盐搅拌均匀，放入白面粉搅拌成稀糊状，撒入葱花拌匀备用。

2 把平底锅烧热，刷上食用油，放入一勺面糊，摊成面饼。

3 紫甘蓝、豆皮、胡萝卜、青瓜分别洗净切成丝状；黄豆芽择洗干净备用。

4 锅中烧水，水开后放入食用油、盐，依次放入胡萝卜、紫甘蓝、黄豆芽、青瓜和豆皮，烫熟捞出，加入盐、姜汁和香油拌匀调味。

5 把以上蔬菜放入面饼内，卷起来，切段即可。

营养功效

这是专为糖妈设计的加餐（也可以作为早餐）。食物搭配多样化，蛋白质、碳水化合物、膳食纤维、钙、维生素等各种营养成分比例合理，适合肥胖的宝妈食用。

钟老师小叮咛

牛奶蔬菜卷虽美味，但不可一次食用过多。

营养分析小卡片
- 热量372.0千卡
- 碳水化合物46.5克
- 蛋白质19.7克
- 脂肪12.7克

虾仁蒸蛋

🐟 原料

鸡蛋2个，麻虾5只（50克），盐、香油各适量

🍳 做法

1　鸡蛋加盐和几滴香油，充分搅散，再倒入1.5倍的清水搅拌均匀，用过滤网滤掉泡沫，倒入陶瓷盘中。

2　麻虾洗净剥壳，去掉虾线，用少量盐码味备用。

3　蒸锅中烧水，水开后调小火，放入装有鸡蛋液的盘蒸至八成熟；再摆入虾仁，盖上锅盖，继续蒸至鸡蛋液全部凝固，且虾仁变成红色即可。

👌 营养功效

坐月子期间非常适合吃蒸菜。这道虾仁蒸蛋口感嫩滑，含有丰富的优质蛋白质、钙、铁等营养素，有提高免疫力、促进乳汁分泌的作用。

🧑‍🍳 钟老师小叮咛

对于容易长湿疹的宝宝，哺乳的宝妈就不要吃虾仁了。

营养分析小卡片
- 热量226.0千卡
- 碳水化合物2.4克
- 蛋白质21.3克
- 脂肪14.8克

产后第四周·第23天 晚餐

冬瓜瑶柱炖排骨汤

原料

排骨200克，冬瓜250克，瑶柱20克，姜片、盐、葱段、料酒、枸杞子各适量

做法

1 排骨冷水下锅，放入姜片、葱段、料酒，焯去血水，洗净备用。

2 瑶柱洗净备用。

3 冬瓜去皮洗净，切成块状。

4 取一个洁净的砂锅，放入排骨、瑶柱、姜片，加入适量清水；大火煮开，再转小火慢炖半小时，下入冬瓜，煮约20分钟至冬瓜熟软；用盐调味，撒入枸杞子即可。

营养功效

冬瓜和瑶柱都是糖妈的优选食材，升糖指数（GI值）偏低，营养丰富。二者搭配排骨，有补充蛋白质、利水消肿、润肠通便、健脾养胃的作用，很适合水肿、燥热的宝妈食用。

钟老师小叮咛

瑶柱是海产品，过敏体质的宝妈慎用。

营养分析小卡片

- 热量667.8千卡
- 碳水化合物7.0克
- 蛋白质45.5克
- 脂肪51.6克

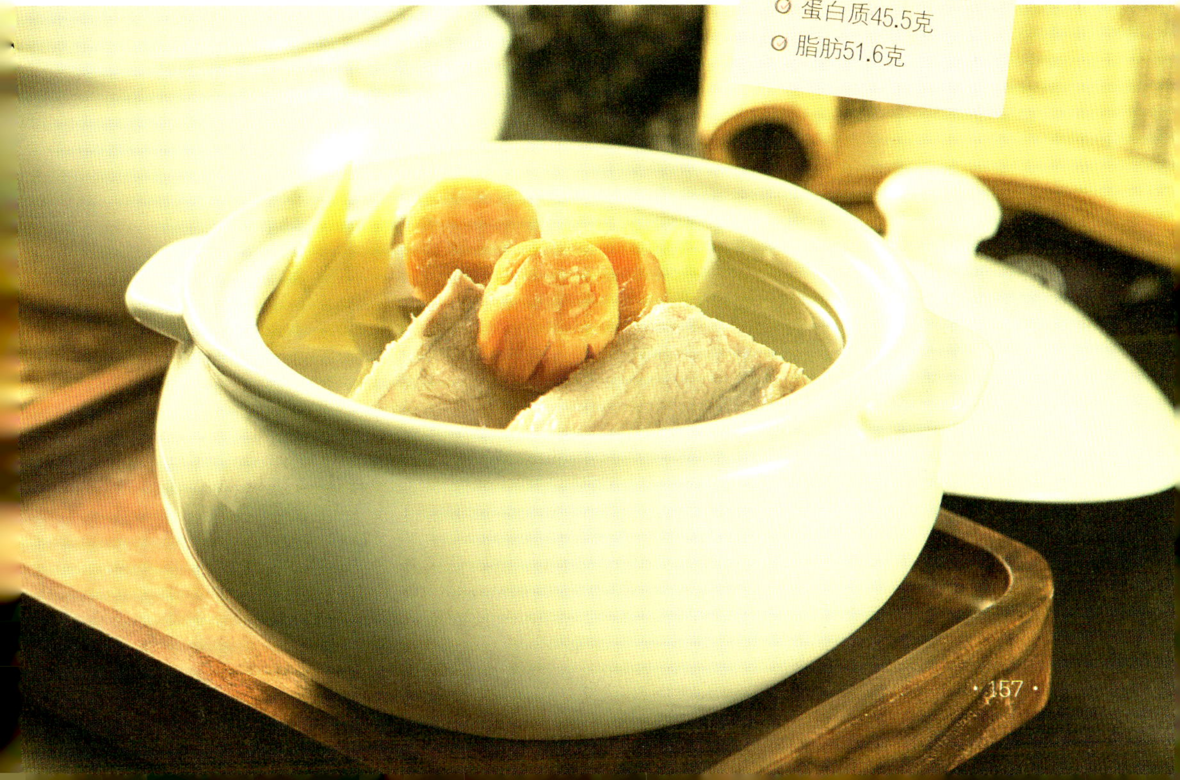

牡蛎豆腐煮丝瓜

营养分析小卡片
- 热量314.8千卡
- 碳水化合物25.2克
- 蛋白质16.2克
- 脂肪18.1克

原料

牡蛎肉100克，丝瓜50克，鲜香菇3朵（50克），嫩豆腐100克，姜片、盐、食用油、香油、枸杞子各适量

做法

1 牡蛎肉清洗干净备用。

2 丝瓜去皮洗净，切成滚刀块，用盐水浸泡，以防氧化。

3 鲜香菇去蒂洗净，划十字花刀，焯水备用。

4 嫩豆腐洗净，切成块。

5 热锅放少量食用油，放入姜片爆香，下入丝瓜翻炒片刻，加入适量开水，水开后调入盐；下入嫩豆腐煮约3分钟，下入香菇、牡蛎肉煮约1分钟即关火；滴入几滴香油，撒入枸杞子即可。

营养功效

牡蛎含有丰富的蛋白质、氨基酸、矿物质和维生素等多种营养物质，其中锌含量尤其丰富；与丝瓜、豆腐、香菇搭配，具有清热抗炎、提高免疫力、镇静安神、保肝解毒等功效。同时是哺乳妈妈下奶的好食谱，非常适合糖妈食用。

钟老师小叮咛

体质虚寒、容易皮肤过敏的宝妈慎吃牡蛎；如果有糖尿病并发肾病的情况，也不宜吃牡蛎，因为牡蛎中含有较高嘌呤，过多食用则容易加重病情。

雪莲子炖桃胶

原料

雪燕10克，桃胶20克，雪莲子30克，干莲子10克，枸杞子5克，牛奶、代糖各适量

做法

1. 雪燕、桃胶、雪莲子用清水提前浸泡8小时，干莲子提前浸泡2小时。
2. 把以上泡好的食材充分淘洗干净。
3. 先把桃胶、雪莲子、莲子放入炖锅内，加适量清水，大火煲开后，转小火炖30分钟；再放入雪燕和枸杞子煲10分钟即关火；最后放入代糖和牛奶拌匀即可。

营养功效

　　雪莲子和桃胶是公认的女性滋补佳品，有美容养颜、益气补血等作用，非常适合产后宝妈食用。

钟老师小叮咛

　　代糖就是甜味剂，有"无热量"和"有热量"之分，建议糖妈选用"无热量"的0卡糖作为甜味剂。此外，月子餐中不建议过多食用代糖，只作偶尔改善口味之用。

营养分析小卡片
- 热量288.5千卡
- 碳水化合物49.4克
- 蛋白质12.3克
- 脂肪4.5克

牛肉夹饼

营养分析小卡片
- 热量854.0千卡
- 碳水化合物145.0克
- 蛋白质47.1克
- 脂肪14.6克

原料

全麦面粉200克，酵母2克，牛肉100克，盐、生抽、生粉、食用油、洋葱、彩椒各适量

做法

1. 把酵母放入全麦面粉内拌匀，加适量清水和成面团，盖上保鲜膜，发酵至原体积的2倍大。
2. 将发好的面团分成50克一个的剂子，揉成光滑的面团，压成饼状。
3. 在煎锅内涮上少量食用油，放入面饼烙熟。
4. 牛肉洗净切丝，用盐、生抽、生粉码味备用。
5. 洋葱洗净切丝，彩椒洗净切丝备用。
6. 热锅放食用油，放入牛肉丝滑熟捞出；再依次倒入洋葱和彩椒炒熟，加入适量盐炒匀，最后放入牛肉丝混炒均匀。
7. 把饼从中间切开，将炒好的牛肉馅夹入即可。

营养功效

为了减少热量，此饼搭配了很多蔬菜。补充优质蛋白质、铁、锌等营养成分的同时，也可以合理地摄入膳食纤维和维生素，各种营养之间有相互促进的作用，人体吸收得更好。

钟老师小叮咛

做此饼时尽量少放油，一次不宜吃太多，以免引起血糖较大波动。

红豆薏米汤

 **原料**

红豆50克，薏米30克

做法

1 将红豆和薏米用清水提前浸泡6小时以上。

2 把泡好的红豆、薏米放入高压锅内，加适量清水煲至软烂即可。

营养功效

红豆有利水消肿、益气养血的作用；薏米是药食同源的食材，有健脾祛湿、利水消肿的功效。二者都是月子餐中的优选食材。

钟老师小叮咛

红豆和薏米虽营养丰富，但也不要食用过量，以免引起胃肠胀气。寒性体质的人群可以在烹调时放一点姜片同煮，起到中和的作用。

营养分析小卡片

- 热量270.3千卡
- 碳水化合物53.0克
- 蛋白质13.9克
- 脂肪1.3克

四神排骨汤

原料

排骨100克，盐、姜片各适量；四神药材：茯苓10克，干莲子10克，山药10克，薏米10克

做法

1. 排骨冷水下锅，焯去血水备用。
2. 四神药材清洗干净备用。
3. 取一个洁净炖盅，放入排骨，再把四神药材和姜片放入，加入适量清水；炖盅放入炖锅内，调至炖汤键。
4. 汤炖好，调入适量盐即可。

营养功效

四神汤是古代中医著名的健脾食疗方，流传甚广。其功效主要有健脾养胃、利尿消肿、提高免疫力等，非常适合产后体质虚弱的宝妈。

钟老师小叮咛

排骨最好选用比较瘦的肋排，以减少脂肪摄入量。四神药材里薏米性微寒，体寒的人把薏米炒一下再煲汤。四神药材的淀粉含量较高，如果吃掉全部汤渣，请相应减少主食摄入量。

营养分析小卡片

- 热量453.9千卡
- 碳水化合物32.1克
- 蛋白质22.6克
- 脂肪26.3克

黄花鱼烧豆腐

原料

黄花鱼1条，嫩豆腐1块，姜末、葱末、彩椒粒、香油、盐、米酒、食用油、生抽各适量

做法

1. 黄花鱼去除内脏，刮去鳞甲，清洗干净，用盐、米酒、姜末、葱末码味备用。
2. 嫩豆腐切成块状，焯水备用。
3. 用厨房纸把鱼身上的水分吸干。
4. 热锅放食用油，把鱼放入油锅中，煎至两面金黄时，加适量清水，放入姜末、盐、生抽调味；下入嫩豆腐一起焖煮5分钟，最后放入彩椒粒、葱末、香油即可。

营养分析小卡片

○ 热量511.5千卡
○ 碳水化合物8.3克
○ 蛋白质61.7克
○ 脂肪26.2克

营养功效

黄花鱼含有丰富的优质蛋白质、维生素和多种矿物质，与豆腐同吃，其含有的维生素D能促进人体对豆腐中钙的吸收，起到很好的补钙作用。

钟老师小叮咛

肾功能不全、胃肠功能较弱者，哮喘人群，或对海鲜过敏者，均应少吃或不吃此菜。

产后第四周·第24天 晚餐

西葫芦炒虾仁

原料

鲜虾仁100克，西葫芦150克，盐、食用油、姜片、葱段、香油各适量

做法

1 鲜虾仁开背，用盐码味备用。

2 西葫芦洗净切花条备用。

3 锅中烧水，水开后加入食用油、盐，依次放入西葫芦、虾仁，焯熟捞出备用。

4 热锅放食用油，爆香姜片、葱段，放入第3步的食材，调入适量盐翻炒均匀，最后滴入香油，即可出锅。

营养功效

西葫芦含有丰富的维生素、膳食纤维、胡萝卜素等营养成分，热量较低，是糖尿病人群的优选食材。与富含蛋白质、钙、锌等营养成分的虾仁搭配，营养互补，有提高免疫力、通乳、补阳等功效。

钟老师小叮咛

脾胃虚寒导致经常腹泻，或对虾过敏的人群慎吃此菜。

营养分析小卡片

- 热量182.0千卡
- 碳水化合物9.3克
- 蛋白质12.3克
- 脂肪11.1克

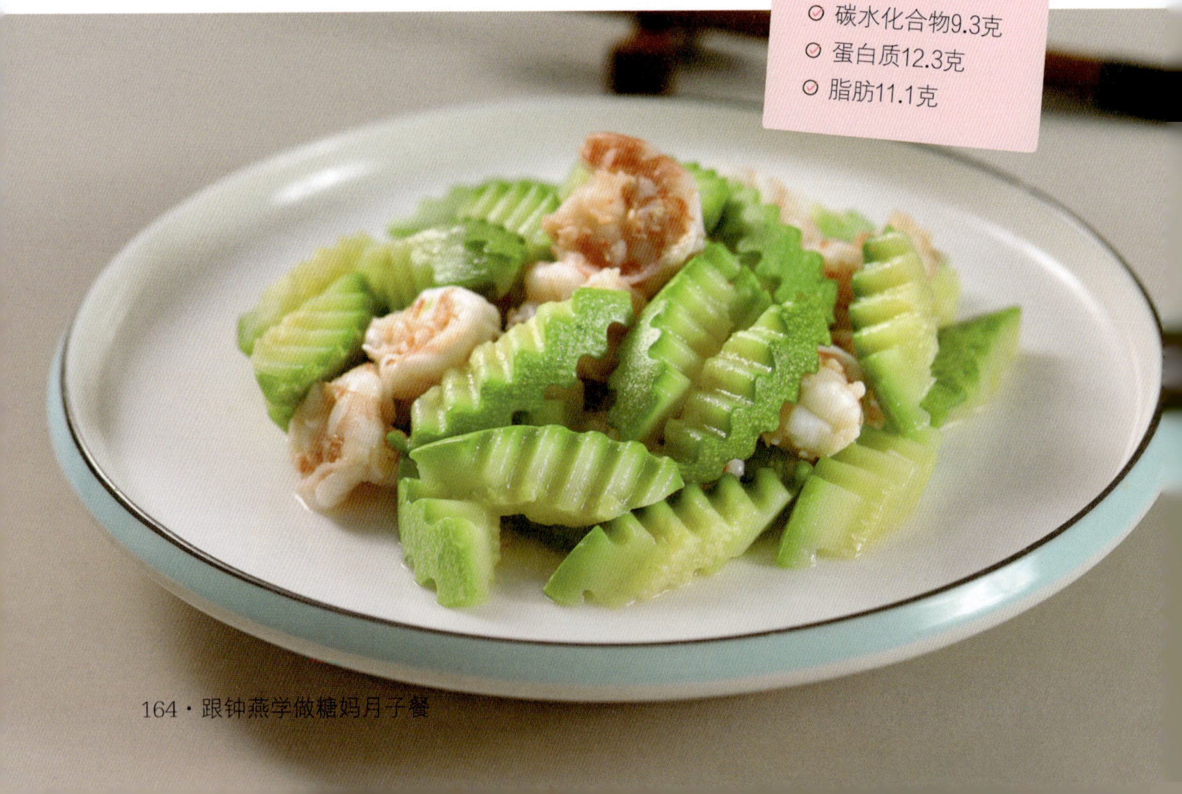

蛋白虫草花煮菠菜

营养分析小卡片
- 热量177.4千卡
- 碳水化合物20.5克
- 蛋白质14.4克
- 脂肪5.7克

原料

菠菜150克，鲜虫草花20克，鸡蛋清2个，盐、姜丝、香油、食用油各适量

做法

1 菠菜去根、老叶，洗净。

2 虫草花清洗干净。

3 锅中烧水，水开后加入食用油、盐，放入菠菜和虫草花焯熟，捞出放入浅碗中。

4 另起锅烧水，放入盐、姜丝和香油调味，倒入鸡蛋清，待凝固后马上关火，淋入第3步的浅碗中即可。

营养功效

控制脂肪摄入也是控糖的关键，而这道菜真正做到了少油、少盐。其中的蛋白质、铁、维生素C等营养成分都非常丰富。此菜中的虫草花含有腺苷、虫草素等营养成分，能起到调节人体内糖代谢、改善血糖浓度、防治糖尿病的作用。

钟老师小叮咛

有腹泻、尿结石、肾结石、胆结石的人群不太适合大量食用菠菜，其丰富的膳食纤维和草酸钙极有可能加重病情。

产后第四周·第25天 早加餐

柚子牛奶燕麦片

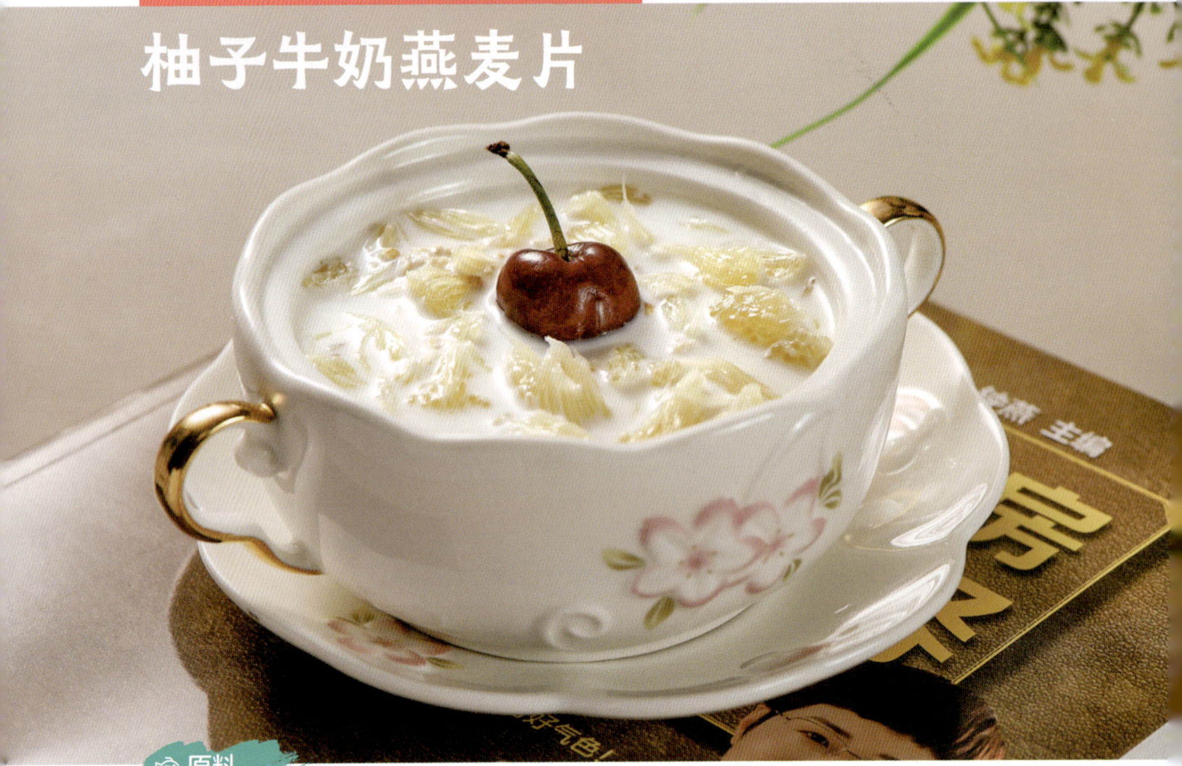

原料

无糖即食燕麦片30克，牛奶250毫升，樱桃1～3颗，柚子肉50克

做法

1 用少量开水冲入无糖即食燕麦片中，放置2分钟。
2 樱桃洗净，柚子肉掰成小块。
3 牛奶、樱桃和柚子肉加入燕麦片中，搅拌均匀即可。

营养功效

这是专为糖妈设计的加餐。燕麦片富含膳食纤维，热量低，搭配牛奶和2种水果，蛋白质、钙、维生素C等都很丰富，口感和味道也非常好。

营养分析小卡片

- 热量31.0千卡
- 碳水化合物36.0克
- 蛋白质13.5克
- 脂肪11.9克

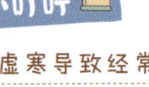

钟老师小叮咛

脾胃虚寒导致经常腹泻的宝妈要少吃或不吃此道加餐。

清炒莴笋片

原料

莴笋200克，泡发黑木耳30克，彩椒片20克，盐、姜片、香油、食用油各适量

做法

1 莴笋去皮洗净，切成菱形片。

2 锅中烧水，水开后加入食用油、盐，依次放入黑木耳、莴笋片、彩椒片，焯水备用。

3 热锅放食用油，爆香姜片，放入第2步的食材，调入少量盐翻炒均匀，最后滴入香油炒匀即可。

营养功效

莴笋中含有丰富的膳食纤维、维生素等营养成分，能量很低，是一道专为糖妈设计的养生素菜。莴笋还有通乳、通便等作用，对乳汁不畅、便秘的宝妈非常有帮助，是月子餐中常用的食材。

钟老师小叮咛

莴笋属于凉性食物，脾胃虚寒导致经常腹泻的宝妈不宜多吃。

营养分析小卡片
- 热量88.3千卡
- 碳水化合物8.7克
- 蛋白质2.7克
- 脂肪5.3克

茶树菇炒牛肉

原料

茶树菇100克，牛肉100克，彩椒、盐、生抽、葱段、姜片、生粉、食用油、香油各适量

做法

1 牛肉洗净切成条状，用盐、生抽、姜片、葱段、生粉码味备用。
2 茶树菇去除根部，洗净，切成两段。
3 彩椒洗净，切成条状。
4 锅中烧水，水开后放入食用油、盐，放入茶树菇和彩椒条，焯水备用。
5 热锅放食用油，放入牛肉滑熟，捞出控油。
6 下入第4步的配菜，调入少量盐翻炒均匀；再倒入牛肉，滴入香油充分炒匀，起锅装盘即可。

营养功效

茶树菇是一种常见的菌类，含有丰富的植物蛋白和B族维生素；与蛋白质、铁、锌含量高的牛肉搭配，可谓强强联手，有增强免疫力、补血补铁、强健筋骨等功效。

钟老师小叮咛

对菌类过敏、消化不良的宝妈要少吃或不吃茶树菇。

营养分析小卡片
- 热量576.0千卡
- 碳水化合物60.9克
- 蛋白质43.2克
- 脂肪21.3克

青红椒炒小鱼干

营养分析小卡片
- 热量200.6千卡
- 碳水化合物5.0克
- 蛋白质19.5克
- 脂肪11.7克

原料

小鱼干50克，青红椒50克，姜丝、葱粒、盐、生抽、香油、食用油各适量

做法

1 小鱼干先用开水浸泡1分钟，再充分清洗干净，控干水分。

2 青红椒洗净切丝备用。

3 热锅放食用油，爆香姜丝，放入小鱼干炒香，倒入少量生抽后盛出。

4 用锅内余油把青红椒丝炒熟，加入少量盐炒匀；再倒入小鱼干，放入葱粒、香油，翻炒均匀即可。

营养功效

小鱼干含有丰富的蛋白质、钙、锌等营养成分，口感也比较干香；与富含维生素C的青红椒搭配，对于食欲不佳的宝妈而言，有增进食欲的作用。

钟老师小叮咛

烹调时注意控制油的用量，以免食用后引起较大血糖波动。

茭白炒肉丝

分炒匀，最后滴入香油翻炒匀，即可出锅。

原料

瘦肉100克，茭白100克，彩椒丝、姜丝、葱段、盐、生抽、生粉、食用油、香油各适量

做法

1　瘦肉洗净切丝状，用盐、生粉码味10分钟。

2　茭白洗净，去老皮后切丝。

3　锅中烧水，水开后放入瘦肉丝汆烫10秒捞出，再放入茭白丝和彩椒丝焯水。

4　热锅放食用油，爆香姜丝、葱段，下入其余食材，调入少量盐、生抽充

营养功效

茭白是糖妈的优选食材，含有丰富的蛋白质、膳食纤维、钾等营养成分，还有通乳、利尿消肿、预防便秘等作用，是月子餐中的常用食材。

钟老师小叮咛

脾胃功能差、对茭白过敏、患有泌尿系统结石的人群要少吃或不吃此菜。

营养分析小卡片

○ 热量286.3千卡
○ 碳水化合物10.2克
○ 蛋白质46.4克
○ 脂肪18.0克

海参炖鸡汤

原料

泡发海参1条（40克），鸡肉100克，陈皮1块，姜、盐各适量

做法

1 鸡肉去净皮和油，冷水下锅，焯去血水，洗净备用。

2 海参去掉牙齿和内脏，清洗干净。

3 陈皮略泡后刮去瓤。

4 取一个洁净炖盅，放入以上食材和姜，加入适量清水，按下炖汤键。

5 汤炖好，加入少量盐即可。

营养功效

海参被誉为"海中人参"，含有丰富的蛋白质、铁、海参多糖等营养物质，具有促进造血细胞合成、防治缺铁性贫血、提高免疫力等作用。与鸡肉同炖，味道鲜美，更有助于产后身体的恢复，催乳效果也更好。海参也是糖尿病人群的优选食材，含有丰富的酸性黏多糖，有助于刺激胰岛B细胞分泌胰岛素，对控制血糖有一定帮助。

钟老师小叮咛

患有甲状腺功能亢进、痛风者，或对海参过敏者要慎吃海参。

营养分析小卡片
- 热量176.0千卡
- 碳水化合物1.9克
- 蛋白质26.9克
- 脂肪6.8克

肉菜包

营养分析小卡片
- 热量1068.0千卡
- 碳水化合物156.0克
- 蛋白质58.4克
- 脂肪29.5克

原料

全麦面粉200克，包菜300克，牛肉馅100克，泡发黑木耳50克，鸡蛋1个，酵母2克，姜末、葱末、盐、生抽、香油各适量

做法

1. 酵母用温水化开，慢慢倒入全麦面粉中，和成光滑的面团，盖上盖子，醒发20分钟。
2. 包菜洗净焯水，切碎；黑木耳洗净切碎备用。
3. 牛肉馅内加少量水，打入鸡蛋，放入盐、姜末、生抽、葱末、香油；按顺时针方向搅拌均匀，再放入包菜、黑木耳充分拌匀。
4. 把面团分成每个30克重的剂子，擀成中间厚、四周薄的面皮，包入第3步的馅料，捏成包子状；再次醒发15分钟，放入蒸锅，大火蒸15分钟即可。

营养功效

全麦面粉含有丰富的B族维生素、钙、铁、锌等营养成分，有调节血糖、控制体重等作用。馅料由膳食纤维含量高的包菜、低脂的牛肉、蛋类、菌类等食材组成，搭配合理，营养均衡，是糖妈的理想主食之一。

钟老师小叮咛

此肉菜包虽营养好，也不宜一次性食用过量。

南瓜虾皮汤

原料

南瓜100克，虾皮10克，盐、香油各适量

做法

1 南瓜去皮，切成块状。
2 锅中加水，放入南瓜煮熟，放入虾皮，加入盐、香油调味即可。

营养功效

　　南瓜中含有丰富的钴，是胰岛细胞合成胰岛素必需的微量元素，可以促进胰岛素正常分泌，对缓解糖尿病症状、降低血糖有一定的辅助食疗功效。与钙含量丰富的虾皮搭配，味道更鲜美，营养也更丰富。

钟老师小叮咛

　　嫩南瓜的升糖指数（GI值）比老南瓜要低很多，故处于血糖波动期的糖妈应尽量选用嫩南瓜。

　　宝宝容易长湿疹的乳母，以及对虾皮过敏的宝妈都不宜食用虾皮。

营养分析小卡片

- 热量83.3千卡
- 碳水化合物5.6克
- 蛋白质3.8克
- 脂肪9.3克

五指毛桃炖瘦肉汤

原料

瘦肉50克，五指毛桃20克，姜2片，盐适量

做法

1 瘦肉洗净，切成块状。

2 五指毛桃洗净，用剪刀剪成段状。

3 取一个洁净的炖盅，放入以上所有食材和姜，加水至八分满；隔水先开大火炖半小时，再转小火慢炖1小时，加入少量盐调味即可。

营养功效

五指毛桃是一种药食同源的食材，是广东地区的特产，有健脾补肺、行气利湿的功效；与瘦肉搭配炖汤，不仅味道清香，还能起到消水肿、促进乳汁分泌的作用。

钟老师小叮咛

炖这道汤时一定要选用纯瘦肉，以减少脂肪的摄入量。

营养分析小卡片
- 热量76.5千卡
- 碳水化合物0.0克
- 蛋白质10.4克
- 脂肪3.9克

洋葱彩椒炒鸡丝

营养分析小卡片
- 热量253.2千卡
- 碳水化合物10.9克
- 蛋白质26.0克
- 脂肪12.1克

原料

鸡胸肉100克，洋葱100克，彩椒20克，姜丝、葱白段、盐、生抽、食用油、香油各适量

做法

1. 鸡胸肉洗净切丝，用盐、生抽、姜丝、葱白段码味备用。
2. 洋葱洗净切丝，彩椒洗净切丝备用。
3. 热锅放食用油，放入鸡胸肉丝滑熟，捞出控油备用。
4. 锅留底油，下入洋葱丝、彩椒丝炒匀，加入盐炒至断生；再放入鸡胸肉丝，滴入香油混炒均匀，即可出锅。

营养功效

洋葱是糖尿病人群的优选食材，其中含有的烯基二硫化合物可以起到刺激胰岛素合成及分泌的作用，具有一定的控糖功效；与富含蛋白质的鸡肉搭配，营养又美味。

钟老师小叮咛

因生洋葱有刺激性，坐月子期间适合吃熟洋葱。但不可过量食用，因其容易产生挥发性气体，过量食用易导致胃肠胀气。

鱼骨鸡蛋菌菇汤

原料

带鱼头的鲈鱼骨（约200克），鸡蛋2个，海鲜菇50克，枸杞子、盐、姜片、食用油各适量

做法

1 鲈鱼骨洗净，斩成段状。

2 海鲜菇去除根部，洗净，切成2段。

3 鸡蛋放入砂锅，煎成两面金黄的荷包蛋，对半切备用。

4 热锅放食用油，放入鲈鱼骨煎至两面金黄，加入开水，放入姜片；大火煮开后撇去浮沫，加入荷包蛋同煮；待汤色奶白时放入海鲜菇煮熟，最后调入盐，撒上枸杞子即可。

营养功效

这是一道一鱼两吃的菜，鱼肉可以做莴笋滑鱼片，鱼骨则可煮汤，搭配菌菇、鸡蛋，不仅催乳效果好，味道也非常鲜美。

钟老师小叮咛

鱼骨一定要足够新鲜，煲出来的汤才好喝。煎过鱼骨的油要清理干净，不要混杂在鱼汤里。

营养分析小卡片
- 热量334.0千卡
- 碳水化合物4.0克
- 蛋白质14.6克
- 脂肪28.6克

莴笋滑鱼片

营养分析小卡片
- 热量345.0千卡
- 碳水化合物8.4克
- 蛋白质40.2克
- 脂肪17.1克

原料

莴笋1条（300克），鲈鱼肉200克，蒸鱼豉油、香油、盐、姜、葱、食用油各适量

做法

1. 鲈鱼肉切成厚薄均匀的片状，用少量盐码味，封上食用油备用。

2. 莴笋去皮，切成长7厘米的薄片，在沸水中烫至变色捞出，加盐和香油拌匀，摆盘备用。

3. 鲈鱼片在放有姜、葱的沸水中烫熟捞出，摆在莴笋片中间，淋入蒸鱼豉油，滴入几滴香油即可。

营养功效

莴笋和鲈鱼都是糖尿病人群的优选食材。莴笋含有丰富的维生素C、钾、铁和膳食纤维等营养成分，具有清热解毒、利尿通乳、润肠通便、改善糖代谢、预防缺铁性贫血等功效。鲈鱼含有丰富的优质蛋白质，有促进乳汁分泌、提高免疫力、促进伤口愈合的作用。本品非常适合糖妈食用。

钟老师小叮咛

莴笋偏凉性，脾胃虚寒导致经常腹泻的人群不宜多吃。鲈鱼中的嘌呤含量较高，痛风患者不宜在急性发作期食用。

玉米发糕

🐟 原料

玉米面粉50克，酵母2克，鸡蛋1个，白面粉100克，食用油5克

🍳 做法

1 玉米面粉倒入80克开水烫面。

2 待烫的玉米面粉变温时，加入酵母、鸡蛋，充分搅拌均匀；再倒入白面粉搅匀，加入食用油，用手和成光滑的面团。

3 取一个开口大的盘子，底部刷一点油，放入面团压平，发酵至原来体积的2倍大；上蒸锅，大火蒸20分钟即关火，焖3分钟即可出锅。

🍎 营养功效

玉米属于粗粮，含有丰富的膳食纤维和B族维生素，有缓解便秘、降低胆固醇等作用；搭配鸡蛋增加了蛋白质的摄入；加入面粉则是为了改善口感。糖妈可将本品作为主食食用。

钟老师小叮咛

玉米发糕吃得过量也容易升高血糖，建议糖妈作为主食食用时把控好摄入量。

营养分析小卡片

- 热量656.9千卡
- 碳水化合物112.8克
- 蛋白质23.9克
- 脂肪13.3克

营养分析小卡片
○ 热量417.0千卡
○ 碳水化合物25.0克
○ 蛋白质31.9克
○ 脂肪21.8克

眉豆花生鸡脚汤

原料

鸡脚5只,眉豆30克,花生仁20克,姜片、葱段、盐各适量

做法

1 鸡脚剪去趾甲,洗净,冷水下锅,放葱段、姜片焯水备用。

2 眉豆、花生仁提前浸泡6小时。

3 取一个洁净炖盅,放入鸡脚、眉豆、花生仁、姜片,把水加至八分满;炖盅放入炖锅内大火炖半小时,再转小火慢炖1小时,起锅前,加少量盐即可。

营养功效

眉豆中含有的磷脂可以促进胰岛素分泌,增强糖代谢的作用,是糖尿病人群的优选食材;与花生仁、鸡脚搭配,可以促进乳汁分泌,是糖妈在坐月子期间可以经常食用的一道催乳汤。

钟老师小叮咛

此汤不宜一次食用过多,否则容易引起腹胀。眉豆也要充分泡涨且煮熟,方可食用,否则容易产生有害物质。

肉末莴笋丝

营养分析小卡片
- 热量217.6千卡
- 碳水化合物9.3克
- 蛋白质13.1克
- 脂肪14.7克

原料

莴笋1条，牛肉末50克，彩椒粒10克，姜末、葱白末、盐、香油、食用油、生抽各适量

做法

1　莴笋去皮洗净，切成长5厘米的丝状。

2　锅中烧水，水开后下入食用油、盐，放入莴笋丝焯熟，捞出摆盘。

3　热锅放食用油，下入牛肉末、姜末、葱白末、彩椒粒炒香；加少量水，用盐、生抽、香油调味；起锅，浇在莴笋丝上即可。

营养功效

　　莴笋是糖尿病人群的优选食材。莴笋含有丰富的维生素C、钾、铁和膳食纤维等营养成分，具有清热解毒、利尿通乳、润肠通便、改善糖代谢、预防缺铁性贫血等功效；配以蛋白质、铁、锌含量高的牛肉末，荤素搭配，清淡爽口，营养更均衡。

钟老师小叮咛

　　莴笋偏凉性，脾胃虚寒导致经常腹泻的人群不宜多吃。宜选黄牛里脊肉，这样做出来的口感才好。

木耳洋葱炒鸡蛋

原料

鸡蛋2个，泡发黑木耳50克，洋葱、彩椒、葱花、盐、香油、食用油各适量

做法

1. 鸡蛋打入盆中，加盐、香油、葱花搅匀。
2. 洋葱、彩椒洗净切成粒状，放入鸡蛋液中搅匀。
3. 黑木耳焯水备用。
4. 热锅放食用油，倒入鸡蛋液滑熟，再放入黑木耳混炒均匀，即可起锅装盘。

营养分析小卡片
- 热量242.5千卡
- 碳水化合物5.4克
- 蛋白质13.9克
- 脂肪18.7克

营养功效

黑木耳是一种常见的食用菌，被誉为"素中之荤"和"血管清道夫"，含有丰富的蛋白质、膳食纤维、铁、钙、磷、胡萝卜素等多种营养物质，有补血、排毒、预防便秘等作用；与富含蛋白质、铁、卵磷脂的鸡蛋搭配，有提高免疫力、保护肝脏、健脑益智等功效。

钟老师小叮咛

黑木耳营养虽好，但多吃不易消化，故每次的食用量不宜过多。此外，黑木耳不宜泡发过久，否则容易受到细菌和霉菌的影响，产生对人体有害的毒素，建议用多少现泡多少。

产后第四周 · 第27天 晚餐

羊肚菌酿肉

原料

羊肚菌50克，瘦肉末50克，西蓝花1颗，姜末、葱白末、鸡蛋清、盐、香油、生抽、食用油、枸杞子各适量

做法

1 羊肚菌提前用温水泡发30分钟，清洗干净，用剪刀剪开备用。

2 瘦肉末内加入盐、姜末、葱白末、生抽、香油、鸡蛋清，按顺时针方向充分搅拌均匀，即成肉馅。

3 把肉馅酿入羊肚菌内，摆入盘中，放进蒸锅，水开后大火蒸12分钟即可关火。

4 西蓝花改成小朵洗净，放入沸水锅中，加食用油、盐，焯熟捞出；再用香油和盐调味，摆入装有羊肚菌的盘中，用枸杞子点缀即可。

营养功效

羊肚菌是一种珍贵的菌类，含有多种氨基酸和维生素，有增强免疫力、润肠通便、抗癌等作用；搭配控糖蔬菜西蓝花和蛋白质含量高的瘦肉末，营养更全面。

钟老师小叮咛

对菌类过敏的人群慎吃羊肚菌。

营养分析小卡片

- 热量466.0千卡
- 碳水化合物33.7克
- 蛋白质34.4克
- 脂肪25.4克

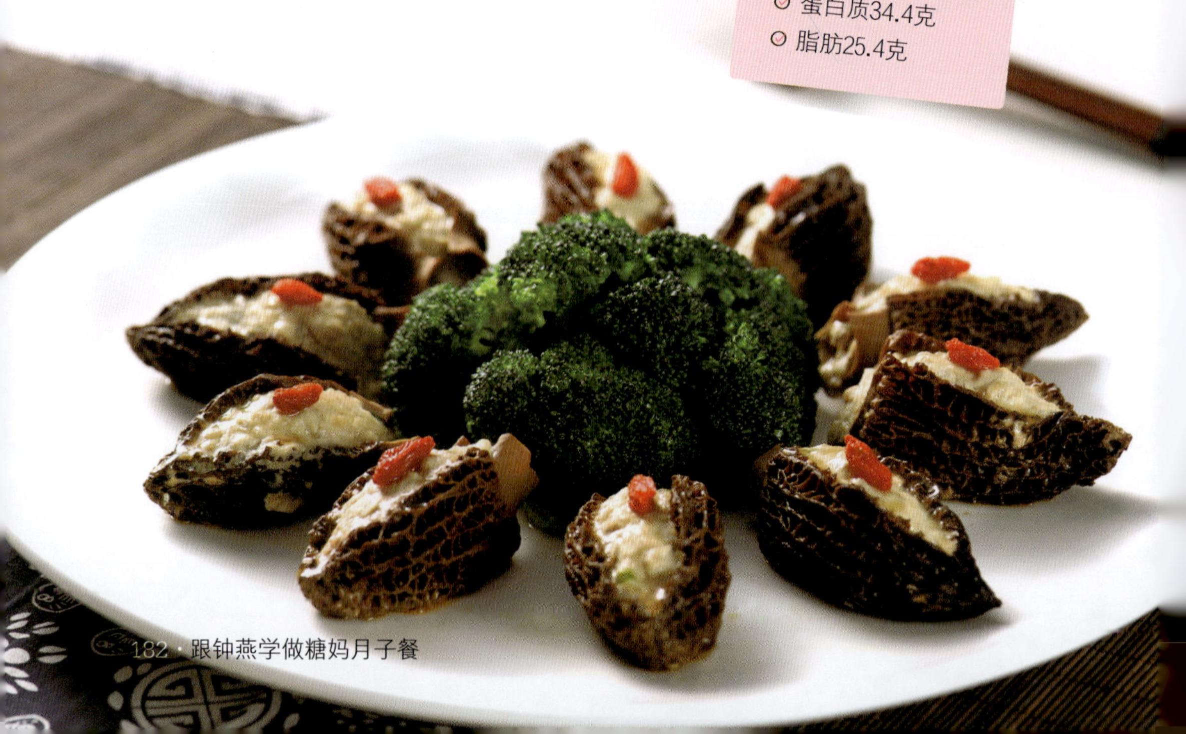

营养分析小卡片
- 热量249.5千卡
- 碳水化合物10.9克
- 蛋白质14.4克
- 脂肪16.8克

腐竹青瓜炒彩椒

原料

干腐竹30克，青瓜100克，彩椒20克，盐、姜片、食用油、香油各适量

做法

1. 干腐竹掰成5厘米长的节，放入温水中泡软。
2. 青瓜稍去皮，切成条状。
3. 锅中烧水，水开后加食用油、盐，放入腐竹、青瓜、彩椒，焯水备用。
4. 热锅放食用油，放入姜片爆香，下入所有食材，调入盐快速翻炒均匀，起锅前滴入香油炒匀即可。

营养功效

腐竹中含有大量的蛋白质和钙。青瓜中含有大量的维生素C和膳食纤维，维生素C可以促进钙的吸收。两者搭配，相得益彰，是糖妈可常吃的一道素菜。

钟老师小叮咛

在糖尿病并发肾病的情况下，不宜大量食用腐竹。因腐竹富含植物蛋白，嘌呤含量较高，进入机体后代谢的产物较多，容易对肾脏产生负担。

荞麦麻酱卷

原料

荞麦面粉80克，鸡蛋2个，牛奶150克，生菜叶、芝麻酱、食用油、盐、葱段各适量

做法

1 鸡蛋加牛奶打散，再加入荞麦面粉和少量盐，充分搅拌均匀备用。

2 平底锅内刷上食用油，放入一勺第1步的面糊，用中小火煎成两面熟的面饼。

3 面饼上刷少量芝麻酱，中间放2片生菜叶，卷起来，用葱段捆扎即可食用。

营养功效

这是专为糖妈设计的一道主食。

荞麦中的铬含量丰富，能增强胰岛素的活性，起到调节血糖的作用。除此之外，荞麦中特有的芦丁能促进胰岛素分泌，帮助调节餐后血糖；搭配鸡蛋、牛奶、生菜、芝麻酱等食材，营养全面均衡，口感更好。

钟老师小叮咛

荞麦性寒，脾胃虚寒、气血不足的人群不宜多吃。荞麦也是粗粮的一种，不易消化吸收，故有消化道疾病的人群也不太适合食用。

鲜橙蒸蛋

原料

鲜橙1个，鸡蛋1个，盐适量

做法

1 鲜橙洗净，在1/3处切开，挖出橙子肉；橙子肉放在纱布袋中，把橙汁挤出来备用。

2 鸡蛋加少量盐充分搅散，加入蛋液1.5倍量的橙汁搅匀；用密漏过滤鸡蛋液，倒入橙子壳内，盖上橙子皮盖，放在蒸锅内，中火蒸10分钟即可。

营养功效

鲜橙蒸蛋对于食欲不好的宝妈来说，有增加食欲的作用。橙子中的维生素C能促进糖类代谢，对维持血糖稳定很有帮助。搭配鸡蛋烹调，可以增加蛋白质、铁等营养素的摄入，使营养更全面均衡。

钟老师小叮咛

鲜橙蒸蛋的时间要控制好，不要蒸制太久，否则容易蒸老。有过敏性疾病的人群也要慎吃，否则容易导致病情加重。

营养分析小卡片
- 热量165.5千卡
- 碳水化合物23.4克
- 蛋白质8.2克
- 脂肪4.7克

清蒸太阳鱼

营养分析小卡片
- 热量183.0千卡
- 碳水化合物0.3克
- 蛋白质17.8克
- 脂肪12.3克

原料

太阳鱼1条（约100克），姜丝、姜片、葱丝、葱段、蒸鱼豉油、香油各适量

做法

1. 太阳鱼去鳞、鳃，充分刮洗干净。
2. 鱼盘中放葱段垫底，摆上太阳鱼，放上姜片。
3. 蒸锅烧水，水开后放入太阳鱼，大火蒸5分钟，关火取出；拣去姜片、葱段，放入姜丝、葱丝，浇上热油，淋入蒸鱼豉油和香油即可。

营养功效

太阳鱼原产于美国南部和墨西哥北部的淡水水域，肉质鲜美，含有丰富的蛋白质、钙、磷、维生素E等多种营养物质，有补充蛋白质、增强免疫力、预防骨质疏松症等作用。

钟老师小叮咛

太阳鱼属于发物，过敏体质者和有呼吸系统疾病的人群不宜食用。

西芹玉米炒百合

原料

西芹100克，嫩玉米粒50克，鲜百合20克，胡萝卜20克，盐、姜片、香油、食用油各适量

做法

1 西芹用刮皮刀刮去老筋，洗净，切成菱形粒状。

2 胡萝卜洗净，切成菱形片状。

3 嫩玉米粒和鲜百合分别洗净备用。

4 锅中烧水，水开后加食用油、盐，依次放入胡萝卜、西芹、鲜百合焯水备用。

5 热锅放食用油，下姜片爆香，先放入嫩玉米粒炒至变色，再放入焯好水的其余食材；调入适量盐，充分翻炒均匀，最后滴入香油炒匀即可。

营养功效

西芹含有丰富的蛋白质、铁、维生素、膳食纤维等营养成分，有清热解毒、预防便秘、补血补铁、镇静安神、利尿消肿等作用；与养阴润肺、清心安神的百合搭配，更适合阴虚体质和睡眠质量不好的宝妈食用。

钟老师小叮咛

大便溏薄、体质虚寒的人群不宜过多食用此菜。

营养分析小卡片
- 热量159.0千卡
- 碳水化合物25.7克
- 蛋白质3.4克
- 脂肪5.8克

瓜花炒珍菌

营养分析小卡片
- 热量81.6千卡
- 碳水化合物5.8克
- 蛋白质2.5克
- 脂肪5.3克

原料

黄瓜花100克，海鲜菇50克，彩椒20克，姜片、盐、香油、食用油各适量

做法

1 黄瓜花洗净；海鲜菇去除根部，洗净，切成2段。

2 彩椒洗净切成条状。

3 锅中烧水，水开后放食用油、盐，依次下入海鲜菇、黄瓜花、彩椒，焯水备用。

4 热锅放食用油，下姜片爆香，放入其余食材；调入盐充分翻炒均匀，起锅前滴入几滴香油炒匀即可。

营养功效

　　黄瓜花含有丰富的维生素和膳食纤维，有去脂瘦身、美白嫩肤、解酒护肝等作用；与富含氨基酸的海鲜菇搭配，两者相得益彰，可以起到提高免疫力的作用。本品是糖尿病人群和肥胖人群的优选菜品。

钟老师小叮咛

　　脾胃虚寒导致经常腹泻的人群要少食用此道菜品。

姜汁白灼虾

原料

基围虾200克，姜、葱、香油、料酒、生抽、食用油各适量

做法

1 锅中烧水，加入姜、葱、料酒，水开后放入基围虾焯熟，捞出摆盘。

2 姜剁末，放入碗中，淋上热的食用油，倒入生抽，滴入香油，即成料汁；用小碟装上，放入盘中即可。

营养功效

虾含有丰富的蛋白质、钙、锌等营养成分，有提高免疫力、预防骨质疏松症等作用。坐月子期间吃虾，还有很好的卜乳作用，是月子餐中常用的食材。

钟老师小叮咛

过敏体质者和痛风患者慎吃虾。

营养分析小卡片

- 热量247.0千卡
- 碳水化合物7.8克
- 蛋白质36.4克
- 脂肪7.8克

跟**钟燕**学做

糖妈

月子餐

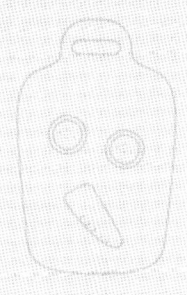

第三章

不同的热量需求，
有不同的吃法

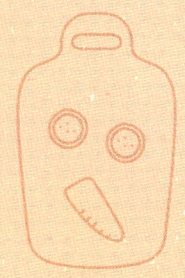

糖尿病月子营养配餐28天食谱
（1600～1700千卡）

1600～1700千卡
第一周
饮食搭配参考

特殊饮食情况说明：
糖妈生产完的前3天，对热量需求没有明确性，请根据每个糖妈的实际情况来设计食谱。

第1天		
早餐	山药瘦肉蔬菜粥	山药50克，瘦肉30克，大米45克，青菜50克，盐、香油各适量
早加餐	莲藕红豆粥	莲藕50克，红豆10克，大米35克
午餐	菌汤鸡丝荞麦面	鸡肉80克，荞麦面65克，胡萝卜50克，金针菇50克，青菜100克，姜丝、食用油、盐、香油各适量
午加餐	玉米面粥	玉米面粉25克，小麦粉5克，赤小豆5克，芹菜叶20克
晚餐	平菇小米蛋花粥	平菇100克，小米100克，鸡蛋1个，枸杞子5克，盐、香油各适量
晚加餐	瘦肉冬瓜汤	瘦肉50克，冬瓜100克，枸杞子5克，盐、香油、姜丝各适量

注：食谱中的克重表示参考食用量。全天烹调用油控制在25～30克，全天食用盐控制在5克以内。

第2天		
早餐	鸭血粉丝汤	鸭血30克，瘦肉20克，龙口粉丝45克，青菜100克，姜丝、盐、香油、食用油、葱花各适量
早加餐	紫菜小馄饨	白面粉50克，瘦肉25克，紫菜5克，盐、香油各适量
午餐	二米饭	大米50克，小米20克
	丝瓜肉丝汤	瘦肉30克，丝瓜150克，盐、香油各适量
	肉末蒸蛋羹	瘦肉末10克，鸡蛋1个（小），盐、香油、葱花、食用油各适量
	清炒紫甘蓝	紫甘蓝100克，黄彩椒丝15克，葱白末3克，食用油、盐、香油各适量
午加餐	南瓜蒸百合	南瓜100克，鲜百合10克，枸杞子5克
晚餐	麦片米饭	燕麦片15克，大米45克
	紫菜蛋花汤	紫菜20克，鸡蛋1个，虾皮1克，葱花、盐、香油各适量
	芙蓉鸡丝	鸡胸肉30克，荷兰豆50克，鸡蛋清15克，彩椒丝20克，姜丝、盐、食用油、香油各适量
	白灼生菜	生菜100克，生抽、香油各适量
晚加餐	无糖银耳莲子汤	干银耳30克，干莲子10克

第3天		
早餐	三鲜饺子	白面粉40克，瘦肉30克，鲜香菇30克，黑木耳10克，白菜20克，盐、香油各适量
早加餐	麦片水果羹	蓝莓20克，苹果粒50克，无糖即食燕麦片30克，无糖酸奶1小杯（100克）
午餐	杂粮饭	藜麦3克，薏米3克，燕麦片5克，黑米3克，糙米5克，红豆3克，小米5克，大米30克
	益母草瘦肉汤	干益母草10克，瘦肉35克，老姜1小片，盐适量
	杏鲍菇彩椒炒鸡片	杏鲍菇100克，鸡胸肉50克，彩椒30克，盐、香油、食用油、姜片、葱段各适量
	香油红苋菜	红苋菜100克，香油、盐各适量
午加餐	黑豆豆浆	黑豆25克
晚餐	二米饭	大米30克，小米20克
	茭白炒蛋	鸡蛋1个，茭白80克，青彩椒50克，盐、食用油、香油、葱花各适量
	赤小豆乳鸽汤	赤小豆10克，乳鸽50克，姜片、葱段、枸杞子、盐各适量
	香油菠菜	菠菜150克，香油、盐各适量
晚加餐	葛根粉	无糖葛根粉30克

第4天

早餐	鹌鹑蛋	鹌鹑蛋3个
	蒸山药	山药100克
	纯牛奶	牛奶200毫升
	烫青菜	青菜60克，香油、盐各适量
早加餐	鸡蛋嫩玉米羹	鸡蛋1个，嫩玉米60克，枸杞子5克，盐、香油各适量
午餐	藜麦饭	藜麦15克，大米45克
	丝瓜鸡蛋汤	鸡蛋1个，丝瓜100克，姜丝2克，枸杞子2克，盐、香油各适量
	滑炒黑鱼片	泡发黑木耳60克，黑鱼肉60克，彩椒片30克，盐、姜丝、葱段、香油、鸡蛋清、食用油、生粉各适量
	香菇炒油菜	鲜香菇30克，油菜100克，食用油、盐各适量
午加餐	苹果	苹果200克
晚餐	杂粮饭	糙米10克，红豆5克，大米35克
	菠菜猪肝瘦肉汤	猪肝20克，瘦肉20克，菠菜100克，枸杞子3克，姜丝、盐、葱段、香油各适量
	小米蒸排骨	小米15克，排骨30克，西蓝花30克，鸡蛋清、姜丝、葱段、香油、生抽、盐各适量
	白灼菜心	菜心100克，鲜虫草花10克，瘦肉丝5克，食用油、盐、香油、姜丝各适量
晚加餐	花生薏米汤	花生仁10克，薏米30克

第5天		
早餐	鱼片蔬菜小米燕麦粥	鱼片30克，干香菇5克，胡萝卜10克，青菜20克，燕麦片30克，小米25克，盐适量
早加餐	肉末豆腐花	黄豆20克，内酯2克，瘦肉末10克，姜末、枸杞子、盐、香油、食用油各适量
午餐	玉米山药饭	玉米10克，山药50克，大米55克
	白菜鸡肉丸汤	鸡胸肉30克，白菜50克，鸡蛋清、盐、生粉、香油、姜末、葱末各适量
	莴笋木耳炒肉片	瘦肉30克，干黑木耳20克，莴笋100克，胡萝卜20克，姜片、葱段、盐、食用油、香油、生粉各适量
	清炒双色菜花	菜花50克，西蓝花50克，胡萝卜10克，姜片、盐、食用油、香油各适量
午加餐	猕猴桃	猕猴桃200克
晚餐	杂粮饭	黑米15克，大米30克
	萝卜龙骨汤	白萝卜100克，龙骨30克（带骨头60克），姜片、盐、葱花各适量
	银耳炒鸡胸肉	干银耳20克，鸡胸肉30克，彩椒片30克，姜片、葱段、盐、香油、食用油各适量
	香油红苋菜	红苋菜120克，香油、盐各适量
晚加餐	红豆薏米汤	红豆30克，薏米10克
	鹌鹑蛋	鹌鹑蛋3个

第6天

早餐	豆浆	黄豆20克，红枣5克，枸杞子2克
	蔬菜包	白面粉40克，青菜30克，胡萝卜10克，盐、香油各适量
早加餐	无糖藕粉	无糖藕粉30克
	坚果	核桃仁10克
午餐	藜麦饭	藜麦20克，大米30克，玉米粒20克
	菠菜鸡蛋汤	菠菜50克，鸡蛋1个，盐少许
	金针莴笋炒肉丝	干金针菜15克，莴笋50克，瘦肉35克，彩椒丝10克，姜丝、葱段、盐、鸡蛋清、香油、生抽、食用油、生粉各适量
	香菇扒油菜	鲜香菇30克，油菜100克，胡萝卜丝10克，姜片、盐、生抽、食用油、香油各适量
午加餐	草莓	草莓200克
晚餐	黑豆黑米杂粮饭	黑豆5克，黑米10克，糙米10克，大米25克
	冬瓜薏米排骨汤	冬瓜100克，排骨30克，薏米10克，姜片、枸杞子、盐各适量
	海鲜菇炒鸡柳	海鲜菇50克，鸡胸肉45克，彩椒条30克，盐、老姜丝、葱段、食用油、香油各适量
	上汤芥蓝	芥蓝100克，老姜片3克，鸡汤50克，盐、枸杞子、食用油各适量
晚加餐	牛奶、燕麦片	牛奶120毫升，无糖即食燕麦片25克

第7天		
早餐	芹菜肉丝蛋花粥	芹菜30克，瘦肉15克，鸡蛋1个，大米40克，盐、香油、姜丝各适量
早加餐	红薯红豆汤	红薯60克，红豆15克
午餐	苹果银耳瘦肉汤	苹果50克，干银耳10克，瘦肉30克，盐、枸杞子各适量
	黄豆芽炒鸡丝	鸡胸肉30克，黄豆芽50克，彩椒30克，盐、姜丝、葱段、食用油、香油各适量
	二米饭	大米35克，小米20克
	清炒鸡毛菜	鸡毛菜100克，食用油适量
午加餐	番石榴	番石榴250克
晚餐	香菇炒肉片	瘦肉35克，鲜香菇100克，青彩椒30克，姜片、葱段、盐、香油、鸡蛋清、生抽、食用油、生粉各适量
	清炒冬瓜片	冬瓜100克，食用油、香油各适量
	杂粮饭	燕麦米5克，糙米10克，黄豆5克，大米40克
	菠菜鱼片汤	鱼肉50克，菠菜50克，姜丝、葱段、盐、枸杞子、香油、食用油、鸡蛋清、生粉各适量
晚加餐	无糖五红汤	红豆5克，赤小豆10克，红皮花生仁15克，红米5克，枸杞子适量

第8天

早餐	藜麦鸡蛋饼	藜麦15克，鸡蛋1个，胡萝卜末20克，葱花、盐、食用油各适量
	纯牛奶	牛奶120毫升
	烫青菜	青菜50克，生抽、香油各适量
早加餐	紫薯银耳汤	紫薯80克，干银耳5克
午餐	山药玉米排骨汤	排骨30克，山药30克，玉米30克，姜片、盐各适量
	香菇蒸鸡翅	鸡翅50克，干香菇10克，姜片、葱段、盐、生抽、香油各适量
	番茄炒西蓝花	番茄30克，西蓝花100克，盐、食用油各适量
	杂粮饭	黑米5克，小米5克，大米30克
午加餐	火龙果	火龙果200克
晚餐	裙带菜鲫鱼豆腐汤	鲫鱼1条，干裙带菜10克，嫩豆腐30克，盐、姜片、葱段、食用油、枸杞子各适量
	西芹百合腰果炒鸡丁	西芹50克，鲜百合15克，鸡肉25克，熟腰果仁10克，盐、姜粒、葱粒、香油、食用油各适量
	荷兰豆山药炒木耳	荷兰豆80克，山药50克，干黑木耳5克，彩椒片20克，盐、食用油、姜片、香油各适量
	薏米饭	薏米15克，大米20克
晚加餐	苏打饼干	苏打饼干30克

第9天		
早餐	黑米花生粥	黑米30克，花生仁10克
	鸡蛋	鸡蛋1个
	香油西蓝花	西蓝花50克，香油适量
早加餐	全麦吐司	全麦吐司30克
	黄芪通草茶	黄芪10克，通草5克
午餐	薏米饭	薏米20克，大米40克
	杂蔬鸡肉汤	鸡肉30克，瓠瓜50克，胡萝卜30克，老豆腐30克，干香菇5克，盐、姜片各适量
	芹菜彩椒炒香干	香干30克，芹菜50克，彩椒20克，姜丝、盐、香油、食用油各适量
	白灼菜心	菜心120克，姜丝、生抽、香油各适量
午加餐	苹果燕麦奶昔	苹果100克，无糖即食燕麦片30克，纯牛奶50毫升，温开水30毫升
晚餐	木瓜鲫鱼汤	鲫鱼80克，青木瓜50克，姜片、葱段、盐、食用油、枸杞子各适量
	彩椒木耳肉片	瘦肉20克，干黑木耳6克，彩椒片20克，盐、生抽、姜片、葱段、香油、鸡蛋清、食用油、生粉各适量
	二米饭	大米35克，小米20克
	芦笋炒珍菌	芦笋50克，鲜百合20克，鸡枞菇50克，彩椒20克，盐、姜片、香油、食用油各适量
晚加餐	黑芝麻豆浆	黑芝麻20克，黄豆5克

第10天

早餐	山药南瓜煮牛奶	山药80克，南瓜50克，枸杞子5克，牛奶150毫升
	鸡蛋	鸡蛋1个
	烫青菜	青菜100克，香油、生抽各适量
早加餐	蒸玉米	鲜玉米120克
午餐	虫草花瘦肉汤	干虫草花15克，瘦肉20克，姜片、盐、枸杞子各适量
	清蒸鲈鱼	鲈鱼60克，彩椒10克，小番茄、蒸鱼豉油、香油、姜丝、葱、食用油各适量
	杂粮饭	大米40克，大麦10克，糙米10克
	香油红苋菜	红苋菜150克，香油、盐各适量
午加餐	橙子	橙子250克
晚餐	杂粮饭	大米40克，大麦10克，糙米10克
	虾皮豆腐白菜汤	虾皮3克，南豆腐50克，白菜50克，枸杞子、姜丝、盐、香油各适量
	牛蒡芦笋炒鸡丝	牛蒡60克，芦笋100克，鸡胸肉35克，盐、姜丝、彩椒条、葱段、香油、食用油各适量
	清炒红薯苗	红薯苗100克，香油适量
晚加餐	木瓜花生银耳汤	木瓜50克，干银耳30克，花生仁5克，牛奶60毫升

第11天		
早餐	玉米面牛奶坚果发糕	玉米面粉10克，白面粉10克，酵母1克，牛奶10毫升，鸡蛋1个，坚果3克
	纯牛奶	牛奶100毫升
	烫青菜	青菜50克，生抽、香油各适量
早加餐	燕麦蛋奶布丁	无糖即食燕麦片25克，鸡蛋1个，牛奶30毫升
午餐	黄芪炖鸡汤	黄芪5克，鸡肉25克，姜片、盐、枸杞子各适量
	西蓝花虾仁滑蛋	西蓝花50克，鸡蛋1个，虾仁30克，盐、香油、食用油、彩椒末各适量
	香油拌龙须菜	龙须菜150克，彩椒20克，香油、盐、姜汁、食用油各适量
	杂粮饭	大米40克，高粱米10克，黑米10克
午加餐	猕猴桃	猕猴桃150克
晚餐	豆芽海带排骨汤	排骨30克，海带50克，黄豆芽50克，姜片、葱结、盐各适量
	豌豆炒鸡胸肉	鸡胸肉25克，豌豆50克，胡萝卜丁30克，姜片、葱段、香油、盐、食用油各适量
	清炒莜麦菜	莜麦菜100克，红彩椒丝10克，姜丝、香油、盐、食用油各适量
	杂粮饭	大米40克，红豆10克，黑米10克
晚加餐	全麦面包	全麦面包50克

第12天

早餐	苋菜银鱼糙米粥	糙米20克，粳米20克，干银鱼20克，苋菜60克，盐、姜丝、香油、食用油各适量
早加餐	藜麦馒头	藜麦粉10克，白面粉20克，盐适量
	枸杞子豆浆	枸杞子5克，黄豆10克
午餐	番茄牛肉汤	牛肉40克，番茄50克，胡萝卜30克，洋葱30克、芹菜10克，葱花、姜片、盐、食用油各适量
	香芹炒鳝段	鳝鱼约100克，芹菜50克，彩椒30克，姜片、葱段、香油、盐、生抽、食用油各适量
	山药莴笋炒木耳	山药20克，莴笋50克，泡发黑木耳20克，彩椒20克，姜片、盐、香油、食用油各适量
	杂粮饭	大米35克，红豆10克，荞麦米10克
午加餐	番石榴	番石榴250克
晚餐	黄芪瘦肉汤	黄芪10克，瘦肉30克，枸杞子3克，姜片、盐各适量
	鸭血烧豆腐	鸭血50克，嫩豆腐50克，瘦肉末10克，老姜末、葱花、彩椒粒、盐、食用油、香油、生抽各适量
	香菇炒油菜	鲜香菇60克，油菜120克，香油、盐各适量
	杂粮饭	大米50克，玉米糁20克
晚加餐	坚果、牛奶	牛奶150毫升，松子仁10克

第13天		
早餐	全麦面包	全麦面包50克
	纯牛奶	牛奶100毫升
	青瓜炒木耳胡萝卜	青瓜30克，泡发黑木耳15克，胡萝卜20克，姜片、盐、香油、食用油各适量
早加餐	豆腐花	内酯豆腐120克，黑木耳15克，干金针菜5克，鲜香菇20克，生抽、葱、香油各适量
午餐	秋葵番茄鱼片汤	鲈鱼肉50克，番茄50克，秋葵30克，姜丝、盐、香油、芹菜、食用油各适量
	长豆角炒肉丝	长豆角100克，瘦肉20克，鸡蛋清1个，彩椒丝20克，盐、姜丝、葱段、生抽、生粉、香油、食用油各适量
	杂粮饭	大米40克，小米15克，燕麦米10克
	清炒紫甘蓝	紫甘蓝100克，黄彩椒丝10克，葱白末、姜丝、食用油、香油各适量
午加餐	木瓜奶昔	木瓜250克，牛奶80毫升，温水30毫升
晚餐	杂粮饭	大米40克，小米15克
	山药杂蔬汤	山药30克，鲜香菇50克，鸡蛋1个，莜麦菜50克，盐、姜末、香油、食用油各适量
	银鱼煎蛋	干银鱼5克，鸡蛋1个，葱花、葱丝、彩椒粒、彩椒丝、盐、香油、食用油各适量
	麻酱拌菠菜	菠菜120克，芝麻酱3克，盐、彩椒、香油各适量
晚加餐	红豆花生汤	红豆45克，花生仁10克

		第14天
早餐	紫菜虾皮馄饨	鸡胸肉20克，馄饨皮10张，鸡蛋清10克，紫菜5克，虾皮3克，葱花、香菜、姜末、香油、生抽、盐各适量
	青菜	生菜80克
早加餐	黑芝麻燕麦牛奶	黑芝麻10克，无糖即食燕麦片50克，牛奶30毫升
午餐	茶树菇炖鸽肉汤	茶树菇（干）10克，鸽子25克，姜、盐各适量
	糙米饭	大米40克，糙米20克
	蛤蜊葱花炒蛋	蛤蜊10克，鸡蛋1个，葱花、彩椒粒、盐、香油、食用油各适量
	香油拌西蓝花	西蓝花150克，香油、盐、彩椒丝各适量
午加餐	小番茄	小番茄200克
晚餐	腰果杂菌汤	腰果8克，干虫草花10克，姬松茸30克，姜片、盐各适量
	上汤娃娃菜	娃娃菜100克，瘦肉10克，干香菇5克，虫草花3克，姜丝、香油、食用油、盐各适量
	泥鳅烧豆腐	泥鳅25克，嫩豆腐25克，姜末、葱花、生抽、香油、食用油、盐各适量
	杂粮饭	大米40克，红米20克
晚加餐	无糖奶粉	无糖奶粉15克

第15天		
早餐	玉米鸡蛋蔬菜卷	玉米面粉10克，白面粉15克，鸡蛋1个，黄豆芽30克，紫甘蓝30克，青瓜50克，盐、香油、食用油各适量
	豆浆	黄豆15克
早加餐	红豆红薯汤	红豆20克，红薯50克，牛奶50毫升
午餐	五色糙米饭	糙米5克，红米5克，燕麦米5克，高粱米5克，大米35克，香油适量
	薏米红豆炖鸭肉汤	鸭肉50克，薏米5克，红豆10克，姜片、盐各适量
	丝瓜蒸鲍鱼	丝瓜100克，鲍鱼30克，姜丝、葱丝、彩椒粒、盐、蒸鱼豉油、食用油、香油各适量
	番茄炒菜花	番茄50克，菜花100克，香油、盐各适量
午加餐	火龙果奶昔	火龙果200克，牛奶50毫升，温水适量
晚餐	紫苏姜丝炒蛤蜊	蛤蜊50克，彩椒丝20克，姜丝、紫苏叶、盐、生抽、香油、食用油各适量
	丝瓜鸡蛋鲫鱼汤	丝瓜50克，鸡蛋1个，鲫鱼60克，姜片、葱花各适量
	油菜炒海鲜菇	小油菜50克，海鲜菇30克，红彩椒10克，黄彩椒10克，盐、香油、姜片、食用油各适量
	杂粮饭	大米40克，黑米5克，小米10克
晚加餐	苏打饼干	苏打饼干35克

第16天		
早餐	番茄鸡蛋肉丝面片汤	番茄100克，鸡蛋1个，瘦肉10克，荞麦面粉15克，白面粉20克，盐、香油、葱、食用油各适量
早加餐	紫薯杂粮饼	紫薯30克，全麦面粉30克，香油、盐各适量
午餐	双笋炒虾仁	虾仁30克，玉米笋20克，芦笋50克，海鲜菇30克，彩椒10克，盐、姜片、葱段、香油、食用油各适量
	腐竹拌芹菜	干腐竹10克，芹菜50克，彩椒20克，盐、姜末、香油、食用油各适量
	高粱米饭	高粱米10克，大米50克
	杜仲炖乌鸡汤	杜仲10克，乌鸡50克，干香菇6克，枸杞子、盐、姜片各适量
午加餐	小樱桃	小樱桃250克
晚餐	五彩养生菜	山药50克，荷兰豆50克，紫甘蓝30克，彩椒10克，盐、姜片、香油、食用油各适量
	藜麦饭	藜麦10克，大米25克
	秋葵炒牛肉	秋葵60克，牛肉25克，彩椒丝10克，盐、生抽、葱段、生粉、姜片、香油、食用油各适量
	竹笙冬瓜炖龙骨汤	干竹笙20克，冬瓜80克，龙骨50克（带骨头100克），姜片、葱段、盐各适量
晚加餐	黑芝麻豆浆	黑芝麻5克，黄豆10克

第17天		
早餐	杂粮窝头	黑米面粉3克，黑豆面粉5克，荞麦面粉5克，黄豆面粉5克，全麦面粉5克，中筋面粉10克，酵母2克，牛奶适量，长豆角粒、瘦肉末、彩椒粒、姜末、盐、香油各适量
	纯牛奶	牛奶100毫升
早加餐	翡翠蛋羹	西蓝花100克，鸡蛋1个
午餐	陈皮炖鸭汤	鸭肉25克，老陈皮6克，姜片、盐各适量
	杂粮饭	大米40克，红豆10克，红米10克
	西芹腰果炒鳕鱼	西芹80克，熟腰果8克，鳕鱼50克，彩椒10克，柠檬1片，姜片、盐、柠檬汁、葱、香油、食用油各适量
	木耳炒莴笋	泡发黑木耳20克，莴笋100克，姜末、盐、香油各适量
午加餐	苹果	苹果250克
晚餐	姜黄海鲜饭	大米40克，糙米20克，姜黄粉8克，洋葱20克、虾30克，彩椒粒10克，干香菇3克，葱花、盐、香油、食用油各适量
	清炒苋麦菜	苋麦菜100克，姜末、盐、香油各适量
	石斛瘦肉汤	瘦肉10克，石斛2粒，干虫草花10克，姜片、盐、枸杞子各适量
	香油拌鸡丝	鸡胸肉30克，胡萝卜30克，莴笋50克，盐、香油、生抽、葱、姜、食用油各适量
晚加餐	木瓜花生银耳汤	木瓜150克，干银耳30克，花生仁10克

		第18天
早餐	西葫芦鸡蛋饼	鸡蛋1个，全麦面粉25克，西葫芦50克，盐、食用油各适量
	纯牛奶	牛奶100毫升
早加餐	莲子银耳汤	干银耳30克，干莲子10克，枸杞子5克
午餐	燕麦饭	燕麦米25克，大米45克
	香菇鸡汤	鸡肉25克，干香菇10克，姜片、葱花、盐各适量
	红烧黄花鱼	黄花鱼50克，姜末、葱末、彩椒粒、香油、盐、生抽、食用油各适量
	草菇彩椒炒包菜	草菇50克，包菜100克，彩椒片20克，姜片、葱段、盐、香油、食用油各适量
午加餐	橙子	橙子250克
晚餐	秋葵木耳番茄肉片汤	瘦肉20克，番茄50克，泡发黑木耳30克，秋葵30克，生粉、姜片、盐、香油各适量
	杂粮饭	大米40克，大黄米5克，大麦5克
	鱿鱼炒芹菜	鲜鱿鱼30克，芹菜100克，彩椒20克，姜片、葱段、盐、香油、料酒、食用油各适量
	虫草花蒸鸡翅	鸡翅30克，干虫草花20克，姜片、葱段、盐、生抽、香油、枸杞子各适量
晚加餐	全麦面包	全麦面包60克

第19天		
早餐	蛋饼蔬菜卷	鸡蛋1个，全麦面粉25克，绿豆芽20克，紫甘蓝10克，豆皮5克，盐、香油、葱花、食用油各适量
	豆浆	黄豆10克，红枣3克
早加餐	木瓜炖牛奶	木瓜200克，牛奶150毫升
午餐	罗宋汤	牛肉40克，洋葱、番茄50克，胡萝卜30克，芹菜10克，姜、葱、盐各适量
	蛋白煮丝瓜	丝瓜120克，鸡蛋清1个，盐、香油、姜丝、枸杞子、食用油各适量
	红烧鸡翅	鸡翅30克，油菜60克，姜片、葱段、生抽、盐、香油、胡萝卜丝、食用油各适量
	杂粮饭	大米50克，小米20克
午加餐	番石榴	番石榴200克
晚餐	平菇肉丸汤	瘦肉30克，平菇50克，姜末、葱花、生粉、盐各适量
	杂粮饭	大米45克，小米20克，玉米糁10克
	魔芋烧鸭	鸭肉40克，魔芋100克，红彩椒粒、姜末、葱末、香油、生抽、盐、食用油各适量
	香油菌菇拌紫甘蓝	海鲜菇50克，莴笋50克，紫甘蓝50克，黄彩椒、盐、香油、食用油各适量
晚加餐	坚果、牛奶	碧根果10克，牛奶150毫升

第20天

早餐	香菇白菜豆腐包	干香菇5克，白菜10克，白豆腐干5克，虾皮1克，鸡蛋1个，白面粉15克，荞麦面粉10克，酵母1克，红曲粉、盐、香油、生抽、葱花、姜末、食用油各适量
	纯牛奶	牛奶100毫升
早加餐	山药百合汤	山药150克，百合30克
午餐	红豆糙米饭	红豆10克，糙米10克，大米40克
	虾仁鲫鱼玉米汤	麻虾2只（20克），鲫鱼50克，玉米30克，盐、姜片、食用油各适量
	香卤牛肉	牛肉25克，盐、生抽、料酒、姜片、葱段、彩椒丝、青瓜片各适量
	清炒红薯苗	红薯苗150克，香油、盐各适量
午加餐	草莓	草莓250克
晚餐	番茄鸡蛋汤	番茄50克，鸡蛋1个，盐、香油、葱花各适量
	杂粮饭	大米50克，荞麦米20克
	彩椒芹菜炒猪肚	猪肚25克，芹菜50克，彩椒50克，姜片、葱段、生抽、盐、料酒、白胡椒、白面粉、香油、食用油各适量
	白灼菜心	菜心150克，生抽、香油各适量
晚加餐	红豆花生汤	红豆50克，花生仁15克

第21天		
早餐	南瓜虾米炒粉丝	南瓜80克，龙口粉丝25克，干虾米6克，干香菇30克，姜末、葱花、香油、生抽、食用油各适量
	黑豆豆浆	黑豆20克
早加餐	豆浆蒸蛋羹	豆浆80毫升，鸡蛋1个，枸杞子5克
午餐	清蒸鳕鱼	鳕鱼1小块（50克），姜片、葱段、柠檬片、盐、小番茄、熟毛豆各适量
	荞麦饭	荞麦30克，大米40克，食用油适量
	黄芪乌鸡汤	黄芪5克，乌鸡35克，姜片、葱段、盐各适量
	木耳炒西蓝花	西蓝花130克，泡发黑木耳30克，姜丝、盐、香油各适量
午加餐	火龙果	火龙果300克
晚餐	番茄紫菜汤	番茄50克，紫菜6克，盐、香油、葱花各适量
	芹菜肉丝炒豆干	芹菜50克，瘦肉30克，豆干30克，姜丝、彩椒、葱段、生抽、盐、生粉、香油、食用油各适量
	香菇炒油菜	鲜香菇30克，油菜100克，姜末、盐、生粉、香油各适量
	杂粮饭	大米50克，红米15克
晚加餐	无糖奶粉	无糖奶粉30克

第22天		
早餐	翡翠白玉饺	干香菇5克，白菜20克，干黑木耳5克，鸡蛋1个，全麦面粉30克，菠菜汁15克，盐、香油、姜末、葱花、食用油各适量
早加餐	蒸玉米	玉米160克
午餐	青木瓜眉豆鱼尾汤	草鱼尾约50克，青木瓜60克，眉豆8克，姜片、盐、食用油各适量
	黑椒芦笋炒牛柳	牛柳肉40克，芦笋60克，彩椒、姜丝、葱段、黑胡椒、盐、生抽、生粉、食用油各适量
	紫甘蓝炒彩椒	紫甘蓝100克，彩椒20克，香油适量
	红米饭	大米40克，红米15克
午加餐	火龙果	火龙果250克
晚餐	双耳炒肉片	瘦肉25克，干银耳5克，干黑木耳5克，彩椒、姜片、葱段、盐、生抽、香油、生粉、食用油各适量
	莲子猪肚汤	猪肚20克，龙骨20克（带骨头40克），干莲子10克，姜片、葱段、盐、料酒、白面粉各适量
	四色炒鸡丁	鸡胸肉25克，黄瓜50克，胡萝卜10克，鲜香菇20克，盐、姜粒、葱花、香油、食用油各适量
	杂粮饭	大米25克，玉米糁20克
晚加餐	鹌鹑蛋	鹌鹑蛋6个

第23天		
早餐	肉丝青菜荞麦面	瘦肉20克，荞麦面50克，青菜50克，盐、生抽、彩椒粒、葱花、姜丝、香油、食用油各适量
早加餐	牛奶蔬菜卷	白面粉25克，牛奶20毫升，紫甘蓝20克，豆皮、胡萝卜、黄豆芽、青瓜各10克，盐、姜汁、葱花、香油、食用油各适量
午餐	虾仁蒸蛋	鸡蛋1个，麻虾3只（30克），盐、香油各适量
	白灼芥蓝	芥蓝150克，生抽、香油各适量
	党参炖鸡汤	鸡肉50克，党参10克，生姜、盐、枸杞子各适量
	玉米饭	玉米50克，大米40克
午加餐	苹果燕麦奶昔	苹果50克，燕麦20克，牛奶100毫升，温水20毫升
晚餐	冬瓜瑶柱炖排骨汤	排骨40克，冬瓜50克，瑶柱10克，姜片、盐、葱段、料酒、枸杞子各适量
	杂粮饭	大米35克，白扁豆5克，糙米20克
	牡蛎豆腐煮丝瓜	牡蛎肉30克，丝瓜50克，鲜香菇10克，嫩豆腐30克，姜丝、盐、香油、枸杞子、食用油各适量
	清炒莜麦菜	莜麦菜100克，食用油、盐各适量
晚加餐	雪莲子炖桃胶	雪燕10克，桃胶10克，雪莲子10克，干莲子5克，枸杞子5克，牛奶30毫升，代糖适量

第24天		
早餐	牛肉夹饼	全麦面粉40克，酵母1克，牛肉25克，盐、生抽、生粉、洋葱、彩椒、食用油各适量
	蔬菜汤	菠菜30克，鲜香菇20克，胡萝卜10克，香油、盐各适量
早加餐	红豆薏米汤	红豆25克，薏米25克
午餐	四神排骨汤	排骨30克，盐、姜片各适量；四神药材：茯苓10克，干莲子10克，山药10克，薏米10克
	黄花鱼烧豆腐	黄花鱼50克，嫩豆腐30克，姜末、葱末、彩椒粒、香油、盐、米酒、生抽、食用油各适量
	清炒小白菜	小白菜150克，食用油、盐各适量
	杂粮饭	大米25克，黑米5克，燕麦米10克
午加餐	橙子	橙子250克
晚餐	番茄鸡蛋汤	番茄50克，鸡蛋1个，葱花、香油各适量
	西葫芦炒虾仁	鲜虾仁70克，西葫芦50克，盐、姜片、葱段、香油、食用油各适量
	蛋白虫草花煮菠菜	菠菜100克，鲜虫草花10克，鸡蛋清1个，盐、姜丝、香油、食用油各适量
	杂粮饭	大米30克，小米20克
晚加餐	葛根粉	无糖葛根粉30克

第25天		
早餐	紫菜虾皮馄饨	馄饨皮12张，瘦肉25克，紫菜10克，盐、香油、姜末、葱末各适量
早加餐	柚子牛奶燕麦片	无糖即食燕麦片30克，牛奶50毫升，樱桃3颗，柚子肉60克
午餐	糙米饭	三色糙米30克，大米35克
	金针木耳炖鸡汤	干金针菜10克，干黑木耳5克，鸡肉30克，姜片、白胡椒各适量
	清炒莴笋片	莴笋100克，泡发黑木耳20克，彩椒片、盐、姜片、香油、食用油各适量
	茶树菇炒牛肉	茶树菇100克，牛肉30克，彩椒、盐、生抽、葱段、姜片、生粉、香油、食用油各适量
午加餐	猕猴桃	猕猴桃200克
晚餐	青红椒炒小鱼干	小鱼干15克，青红椒60克，姜丝、葱粒、盐、生抽、香油、食用油各适量
	茭白炒肉丝	瘦肉30克，茭白100克，彩椒丝、姜丝、葱段、盐、生抽、生粉、食用油、香油各适量
	海参炖鸡汤	泡发海参1条，鸡肉20克，陈皮10克，姜、盐各适量
	杂粮饭	大米40克，黑米15克
晚加餐	黑豆花生豆浆	黑豆10克，花生仁20克

早餐	肉菜包	全麦面粉25克，包菜30克，牛肉馅5克，泡发黑木耳10克，鸡蛋1个，酵母1克，姜末、葱末、盐、生抽、香油各适量
	豆浆	黄豆15克
早加餐	南瓜虾皮汤	南瓜150克，虾皮10克，盐、香油各适量
午餐	五指毛桃炖瘦肉汤	瘦肉35克，五指毛桃10克，姜、盐各适量
	洋葱彩椒炒鸡丝	鸡胸肉30克，洋葱30克，彩椒30克，姜丝、葱白段、盐、生抽、香油、食用油各适量
	白灼菜心	菜心150克，生抽、香油、葱丝各适量
	杂粮饭	大米50克，玉米糁20克
午加餐	番石榴	番石榴200克
晚餐	杂粮饭	大米40克，小米20克
	鱼骨鸡蛋菌菇汤	带鱼头的鲈鱼骨50克，鸡蛋1个，海鲜菇50克，枸杞子、盐、姜片、食用油各适量
	莴笋滑鱼片	莴笋50克，鲈鱼肉70克，蒸鱼豉油、盐、香油、姜、葱、食用油各适量
	姜汁炒芥蓝	芥蓝100克，生抽、姜丝、香油各适量
晚加餐	苏打饼干	苏打饼干35克
	核桃黑芝麻糊	核桃1个，黑芝麻10克

第**27**天		
早餐	玉米发糕	玉米面粉15克，酵母1克，鸡蛋1个，白面粉20克，食用油适量
	纯牛奶	牛奶100毫升
	烫青菜	生菜50克，生抽、香油各适量
早加餐	木瓜银耳炖牛奶	木瓜50克，干银耳30克，牛奶50毫升
午餐	眉豆花生鸡脚汤	鸡脚1只，眉豆5克，花生仁5克，姜片、葱段、盐各适量
	肉末莴笋丝	莴笋100克，牛肉末25克，彩椒粒、姜末、葱白末、盐、生抽、香油、食用油各适量
	木耳洋葱炒鸡蛋	鸡蛋1个，泡发黑木耳30克，洋葱10克，彩椒、葱花、盐、香油、食用油各适量
	杂粮饭	大米40克，红米15克
午加餐	木瓜奶昔	木瓜200克，牛奶120毫升，温水20毫升
晚餐	羊肚菌酿肉	羊肚菌20克，瘦肉末25克，西蓝花30克，鸡蛋清1个，姜末、葱白末、盐、生抽、枸杞子、香油、食用油各适量
	杂粮饭	大米40克，藜麦20克
	腐竹青瓜炒彩椒	干腐竹10克，青瓜50克，彩椒10克，盐、姜片、香油、食用油各适量
	平菇番茄豆腐汤	平菇50克，番茄50克，嫩豆腐30克，姜丝、葱花、盐各适量
晚加餐	无糖奶粉	无糖奶粉30克

		第28天
早餐	荞麦麻酱卷	荞麦面粉25克，鸡蛋1个，牛奶20毫升，生菜10克，芝麻酱3克，盐、食用油、葱段各适量
	豆浆	黄豆10克
	烫青菜	青菜50克，生抽、香油各适量
早加餐	鲜橙蒸蛋	鲜橙1个，鸡蛋1个，盐适量
午餐	清蒸太阳鱼	太阳鱼50克，姜丝、姜片、葱丝、葱段、蒸鱼豉油、香油各适量
	西芹玉米炒百合	西芹80克，嫩玉米粒30克，鲜百合10克，胡萝卜20克，盐、姜片、香油、食用油各适量
	黄芪炖乌鸡汤	黄芪10克，乌鸡30克，姜片适量
	清炒红苋菜	红苋菜100克，食用油、盐各适量
	杂粮饭	大米40克，糙米15克
午加餐	草莓	草莓300克
晚餐	瓜花炒珍菌	黄瓜花80克，海鲜菇60克，彩椒、姜片、盐、香油、食用油各适量
	姜汁白灼虾	基围虾120克，姜、葱、香油、料酒、生抽、食用油各适量
	猴头菇炖骨头汤	脊骨150克（带骨），猴头菇100克，姜片适量
	杂粮饭	大米40克，黑米15克
晚加餐	牛奶、坚果	牛奶150毫升，坚果10克

糖尿病月子营养配餐28天食谱
（1800～1900千卡）

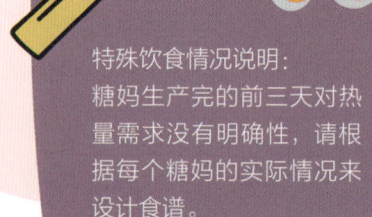

1800～1900千卡
第一周
饮食搭配参考

特殊饮食情况说明：
糖妈生产完的前三天对热量需求没有明确性，请根据每个糖妈的实际情况来设计食谱。

第1天		
早餐	山药瘦肉蔬菜粥	山药50克，瘦肉30克，大米45克，青菜50克，盐、香油各适量
早加餐	莲藕红豆粥	莲藕50克，红豆10克，大米45克
午餐	菌汤鸡丝荞麦面	鸡肉80克，荞麦面80克，胡萝卜50克，金针菇50克，青菜100克，姜丝、食用油、盐、香油各适量
午加餐	玉米面粉粥	玉米面粉30克，小麦面粉5克，赤小豆5克，芹菜叶20克
晚餐	平菇小米蛋花粥	平菇100克，小米110克，鸡蛋1个，枸杞子5克，盐、香油各适量
晚加餐	瘦肉冬瓜汤	瘦肉50克，冬瓜150克，枸杞子5克，盐、香油、姜丝各适量

注：食谱中的克重表示参考食用量。全天烹调用油控制在25～30克，全天食用盐控制在5克以内。

第2天		
早餐	鸭血粉丝汤	鸭血30克，瘦肉20克，龙口粉丝50克，青菜100克，姜丝、盐、香油、食用油、葱花各适量
早加餐	紫菜小馄饨	白面粉50克，瘦肉25克，紫菜5克，盐、香油各适量
午餐	二米饭	大米40克，小米40克
	丝瓜肉丝汤	瘦肉40克，丝瓜150克，盐、香油各适量
	肉末蒸蛋羹	瘦肉末10克，鸡蛋1个（小），盐、香油、葱花、食用油各适量
	清炒紫甘蓝	紫甘蓝100克，黄彩椒丝10克，葱白末5克，食用油、香油、盐各适量
午加餐	南瓜蒸百合	南瓜150克，鲜百合20克，枸杞子5克
晚餐	麦片米饭	燕麦片40克，大米30克
	紫菜蛋花汤	紫菜20克，鸡蛋1个，虾皮1克，葱花、盐、香油各适量
	芙蓉鸡丝	鸡胸肉50克，荷兰豆50克，鸡蛋清15克，彩椒丝20克，姜丝、盐、食用油、香油各适量
	白灼生菜	生菜100克，生抽、香油各适量
晚加餐	无糖银耳莲子汤	干银耳40克，干莲子10克

第3天		
早餐	三鲜饺子	白面粉50克，瘦肉30克，鲜香菇30克，黑木耳10克，白菜20克，盐、香油各适量
早加餐	麦片水果羹	蓝莓20克，苹果粒50克，无糖即食燕麦片30克，无糖酸奶1小杯（100克）
午餐	杂粮饭	藜麦5克，薏米5克，燕麦5克，黑米5克，糙米5克，红豆5克，小米10克，大米30克
	益母草瘦肉汤	干益母草10克，瘦肉35克，老姜1小片，盐适量
	杏鲍菇彩椒炒鸡片	杏鲍菇100克，鸡胸肉50克，彩椒30克，盐、食用油、香油、姜片、葱段各适量
	香油红苋菜	红苋菜100克，香油、盐各适量
午加餐	黑豆豆浆	黑豆25克
晚餐	二米饭	大米20克，小米30克
	茭白炒蛋	鸡蛋1个，茭白80克，青彩椒50克，盐、食用油、香油、葱花各适量
	赤小豆乳鸽汤	赤小豆10克，乳鸽80克，姜片、葱段、枸杞子、盐各适量
	香油菠菜	菠菜150克，香油、盐各适量
晚加餐	葛根粉	无糖葛根粉40克

第4天		
早餐	鹌鹑蛋	鹌鹑蛋3个
	蒸山药	山药120克
	纯牛奶	牛奶180毫升
	烫青菜	青菜60克，香油、盐各适量
早加餐	鸡蛋嫩玉米羹	鸡蛋1个，嫩玉米100克，枸杞子5克，盐、香油各适量
午餐	藜麦饭	藜麦30克，大米40克
	丝瓜鸡蛋汤	鸡蛋1个，丝瓜100克，姜丝2克，枸杞子2克，盐、香油各适量
	滑炒黑鱼片	泡发黑木耳50克，黑鱼肉50克，彩椒片30克，盐、姜丝、葱段、香油、鸡蛋清、食用油、生粉各适量
	香菇炒油菜	鲜香菇30克，油菜100克，食用油、盐各适量
午加餐	苹果	苹果200克
晚餐	杂粮饭	糙米10克，红豆10克，大米40克
	菠菜猪肝瘦肉汤	猪肝20克，瘦肉10克，菠菜100克，枸杞子3克，姜丝、盐、葱段、香油各适量
	小米蒸排骨	小米15克，排骨30克，西蓝花30克，鸡蛋清、姜丝、葱段、香油、生抽、盐各适量
	白灼菜心	菜心100克，鲜虫草花10克，肉丝5克，食用油、盐、香油、姜丝各适量
晚加餐	花生薏米汤	花生仁10克，薏米35克

第5天		
早餐	鱼片蔬菜小米燕麦粥	鱼片40克，干香菇5克，胡萝卜15克，青菜20克，燕麦片30克，小米30克，盐适量
早加餐	肉末豆腐花	黄豆20克，内酯2克，瘦肉末15克，姜末、枸杞子、盐、香油、食用油各适量
午餐	玉米山药饭	玉米30克，山药50克，大米60克
	白菜鸡肉丸汤	鸡胸肉40克，白菜50克，鸡蛋清、盐、生粉、香油、姜末、葱末各适量
	莴笋木耳炒肉片	瘦肉30克，干黑木耳20克，莴笋100克，胡萝卜15克，姜片、葱段、盐、食用油、香油、生粉各适量
	清炒双色菜花	菜花50克，西蓝花50克，胡萝卜15克，姜片、盐、食用油、香油各适量
午加餐	猕猴桃	猕猴桃200克
晚餐	杂粮饭	黑米25克，大米40克
	萝卜龙骨汤	白萝卜100克，龙骨50克（带骨头150克），姜片、盐、葱花各适量
	银耳炒鸡胸肉	干银耳20克，鸡胸肉30克，彩椒片30克，姜片、葱段、盐、香油、食用油各适量
	香油红苋菜	红苋菜100克，香油、盐各适量
晚加餐	红豆薏米汤	红豆25克，薏米20克
	鹌鹑蛋	鹌鹑蛋4个

第6天		
早餐	豆浆	黄豆20克，红枣5克，枸杞子2克
	蔬菜包	白面粉40克，青菜30克，胡萝卜10克，盐、香油各适量
早加餐	无糖藕粉	无糖藕粉35克
	坚果	核桃仁10克
午餐	藜麦饭	藜麦20克，大米40克，玉米粒20克
	菠菜鸡蛋汤	菠菜50克，鸡蛋1个，盐少许
	金针莴笋炒肉丝	干金针菜15克，莴笋50克，瘦肉40克，彩椒丝10克，姜丝、葱段、盐、鸡蛋清、香油、生抽、食用油、生粉各适量
	香菇扒油菜	鲜香菇30克，油菜100克，胡萝卜丝10克，姜片、盐、生抽、食用油、香油各适量
午加餐	草莓	草莓200克
晚餐	黑豆黑米杂粮饭	黑豆5克，黑米10克，糙米10克，大米30克
	冬瓜薏米排骨汤	冬瓜100克，排骨35克，薏米10克，姜片、枸杞子、盐各适量
	海鲜菇炒鸡柳	海鲜菇100克，鸡胸肉50克，彩椒条30克，盐、老姜丝、葱段、食用油、香油各适量
	上汤芥蓝	芥蓝100克，老姜片3克、鸡汤50克，盐、枸杞子、食用油各适量
晚加餐	牛奶燕麦片	牛奶120毫升，无糖即食燕麦片30克

第**7**天		
早餐	芹菜肉丝蛋花粥	芹菜30克，瘦肉20克，鸡蛋1个，大米40克，盐、香油、姜丝各适量
早加餐	红薯红豆汤	红薯80克，红豆20克
午餐	苹果银耳瘦肉汤	苹果50克，干银耳10克，瘦肉40克，盐、枸杞子各适量
	黄豆芽炒鸡丝	鸡胸肉30克，黄豆芽50克，彩椒30克，盐、姜丝、葱段、食用油、香油各适量
	二米饭	大米30克，小米40克
	清炒鸡毛菜	鸡毛菜100克，食用油适量
午加餐	番石榴	番石榴200克
晚餐	香菇炒肉片	瘦肉50克，鲜香菇100克，青彩椒50克，姜片、葱段、盐、香油、鸡蛋清、生抽、食用油、生粉各适量
	清炒冬瓜片	冬瓜100克，食用油、香油各适量
	菠菜鱼片汤	鱼肉40克，菠菜50克，姜丝、葱段、盐、枸杞子、香油、食用油、蛋清、生粉各适量
	杂粮饭	燕麦米10克，糙米10克，黄豆5克，大米40克
晚加餐	无糖五红汤	红豆10克，赤小豆10克，红皮花生仁20克，红米10克，枸杞子适量

		第8天
早餐	藜麦鸡蛋饼	藜麦20克，鸡蛋1个，胡萝卜末20克，葱花、食用油、盐各适量
	纯牛奶	牛奶150毫升
	烫青菜	青菜50克，生抽、香油各适量
早加餐	紫薯银耳汤	紫薯80克，干银耳10克
午餐	山药玉米排骨汤	排骨40克，山药30克，玉米35克，姜片、盐各适量
	香菇蒸鸡翅	鸡翅50克，干香菇15克，姜片、葱段、盐、生抽、香油各适量
	番茄炒西蓝花	番茄30克，西蓝花100克，盐、食用油各适量
	杂粮饭	黑米5克，小米10克，大米25克
午加餐	火龙果	火龙果200克
晚餐	裙带菜鲫鱼豆腐汤	鲫鱼1条（80克），干裙带菜10克，嫩豆腐30克，盐、姜片、葱段、食用油、枸杞子各适量
	西芹百合腰果炒鸡丁	西芹50克，鲜百合20克，鸡肉25克，熟腰果仁10克，盐、姜粒、葱粒、香油、食用油各适量
	荷兰豆山药炒木耳	荷兰豆100克，山药30克，干黑木耳5克，彩椒片20克，盐、姜片、食用油、香油各适量
	薏米饭	薏米10克，大米30克
晚加餐	苏打饼干	苏打饼干40克

		第9天
早餐	黑米花生粥	黑米40克，花生仁10克
	鸡蛋	鸡蛋1个
	香油西蓝花	西蓝花50克，香油适量
早加餐	全麦吐司	全麦吐司50克
	黄芪通草茶	黄芪10克，通草5克
午餐	薏米饭	薏米30克，大米50克
	杂蔬鸡肉汤	鸡肉20克，瓠瓜50克，胡萝卜35克，老豆腐25克，干香菇5克，盐、姜片各适量
	芹菜彩椒炒香干	香干35克，香芹50克，彩椒20克，姜丝、盐、香油各适量
	白灼菜心	菜心120克，姜丝、生抽、香油各适量
午加餐	苹果燕麦奶昔	苹果100克，无糖即食燕麦片50克，纯牛奶50毫升，温开水30毫升
晚餐	木瓜鲫鱼汤	鲫鱼80克，青木瓜50克，姜片、葱段、盐各适量
	彩椒木耳肉片	瘦肉20克，干黑木耳5克，彩椒片20克，盐、生抽、姜片、葱段、香油、鸡蛋清、食用油、生粉各适量
	二米饭	大米40克，小米30克
	芦笋炒珍菌	芦笋50克，鲜百合20克，鸡枞菇50克，彩椒20克，盐、姜片、香油、食用油各适量
晚加餐	黑芝麻豆浆	黑芝麻20克，黄豆5克

		第**10**天
早餐	山药南瓜煮牛奶	山药100克，南瓜50克，枸杞子5克，牛奶150毫升
	鸡蛋	鸡蛋1个
	烫青菜	青菜100克，香油、生抽各适量
早加餐	蒸玉米	鲜玉米150克（中等大小）
午餐	虫草花瘦肉汤	干虫草花20克，瘦肉20克，姜片、盐、枸杞子各适量
	清蒸鲈鱼	鲈鱼60克，彩椒10克，小番茄、蒸鱼豉油、香油、姜丝、葱、食用油各适量
	杂粮饭	大米40克，燕麦米10克，红米20克
	香油红苋菜	红苋菜200克，香油、盐各适量
午加餐	橙子	橙子300克
晚餐	杂粮饭	大米50克，小麦10克，糙米20克
	虾皮豆腐白菜汤	虾皮5克，嫩豆腐50克，白菜50克，枸杞子、姜丝、盐、香油各适量
	牛蒡芦笋炒鸡丝	牛蒡50克，芦笋100克，鸡胸肉40克，盐、姜丝、彩椒条、葱段、香油、食用油各适量
	清炒红薯苗	红薯苗100克，香油适量
晚加餐	木瓜花生银耳汤	木瓜50克，干银耳30克，花生仁10克，牛奶100毫升

第11天		
早餐	玉米面牛奶坚果发糕	玉米面粉10克，白面粉15克，酵母1克，牛奶10毫升，鸡蛋1个，坚果2克
	纯牛奶	牛奶100毫升
	烫青菜	青菜50克，生抽、香油各适量
早加餐	燕麦蛋奶布丁	燕麦30克，鸡蛋1个，牛奶50毫升
午餐	黄芪炖鸡汤	黄芪5克，鸡肉30克，姜片、盐、枸杞子各适量
	西蓝花虾仁滑蛋	西蓝花60克，鸡蛋1个，虾仁30克，盐、香油、食用油、彩椒末各适量
	香油拌龙须菜	龙须菜150克，彩椒10克，香油、盐、姜汁、食用油各适量
	杂粮饭	大米45克，高粱米15克，黑米20克
午加餐	猕猴桃	猕猴桃150克
晚餐	豆芽海带排骨汤	排骨30克，海带50克，黄豆芽50克，姜片、葱结、盐各适量
	豌豆炒鸡胸肉	鸡胸肉25克，豌豆50克，胡萝卜丁30克，姜片、葱段、盐、香油、食用油各适量
	清炒莜麦菜	莜麦菜100克，红彩椒丝10克，姜丝3克，香油、盐、食用油各适量
	杂粮饭	大米50克，红豆10克，黑米10克
晚加餐	全麦面包	全麦面包50克

第12天		
早餐	苋菜银鱼糙米粥	糙米20克，粳米40克，干银鱼20克，苋菜50克，盐、姜丝、香油、食用油各适量
早加餐	藜麦馒头	藜麦粉20克，白面粉20克，盐适量
	枸杞子豆浆	枸杞子5克，黄豆10克
午餐	番茄牛肉汤	牛肉50克，番茄50克，胡萝卜30克，洋葱30克、芹菜10克，葱花、姜片、盐、食用油各适量
	香芹炒鳝段	鳝鱼约100克，芹菜50克，彩椒30克，姜片、葱段、香油、盐、生抽、食用油各适量
	山药莴笋炒木耳	山药20克，莴笋50克，泡发黑木耳20克，彩椒20克，姜片、盐、香油、食用油各适量
	杂粮饭	大米40克，红豆10克，荞麦米15克
午加餐	番石榴	番石榴200克
晚餐	黄芪瘦肉汤	黄芪10克，瘦肉40克，枸杞子3克，姜片、盐各适量
	鸭血烧豆腐	鸭血50克，嫩豆腐50克，瘦肉末10克，老姜末、葱花、彩椒粒、盐、食用油、香油、生抽各适量
	香菇炒油菜	鲜香菇60克，油菜120克，香油、盐各适量
	杂粮饭	大米55克，玉米糁20克
晚加餐	坚果、牛奶	牛奶150毫升，松子仁10克

		第**13**天
早餐	全麦面包	全麦面包55克
	纯牛奶	牛奶100毫升
	青瓜炒木耳胡萝卜	青瓜30克，泡发黑木耳20克，胡萝卜30克，姜片、盐、香油、食用油各适量
早加餐	豆腐花	内酯豆腐200克，黑木耳20克，干金针菜5克，香菇20克，生抽、葱、香油各适量
午餐	秋葵番茄鱼片汤	鲈鱼肉50克，番茄50克，秋葵50克，姜丝、盐、香油、芹菜、食用油各适量
	长豆角炒肉丝	长豆角100克，瘦肉35克，鸡蛋清10克，彩椒丝20克，盐、姜丝、葱段、生抽、生粉、香油、食用油各适量
	杂粮饭	大米50克，小米10克，燕麦米15克
	清炒紫甘蓝	紫甘蓝80克，黄彩椒丝20克，葱白末、姜丝、食用油、香油各适量
午加餐	木瓜奶昔	木瓜300克，牛奶150毫升，温水30毫升
晚餐	杂粮饭	大米50克，小米20克
	山药杂蔬汤	山药30克，香菇50克，鸡蛋1个，莜麦菜50克，盐、姜末、香油、食用油各适量
	银鱼煎蛋	干银鱼6克，鸡蛋1个，葱花、葱丝、彩椒粒、彩椒丝、盐、香油、食用油各适量
	麻酱拌菠菜	菠菜120克，芝麻酱3克，盐、彩椒、香油各适量
晚加餐	红豆花生汤	红豆40克，花生仁20克

第14天

早餐	紫菜虾皮馄饨	鸡胸肉30克，馄饨皮12张，鸡蛋清10克，紫菜5克，虾皮3克，葱花、香菜、姜末、香油、生抽、盐各适量
	青菜	生菜100克
早加餐	黑芝麻燕麦牛奶	黑芝麻15克，无糖即食燕麦片55克，牛奶30毫升
午餐	茶树菇炖鸽肉汤	干茶树菇10克，鸽子50克，姜、盐各适量
	糙米饭	大米35克，糙米25克
	蛤蜊葱花炒蛋	蛤蜊10克，鸡蛋1个，葱花、彩椒粒、盐、香油、食用油各适量
	香油拌西蓝花	西蓝花150克，香油、盐、彩椒丝各适量
午加餐	小番茄	小番茄200克
晚餐	腰果杂菌汤	腰果10克，干虫草花10克，姬松茸30克，姜片、盐各适量
	上汤娃娃菜	娃娃菜100克，瘦肉10克，干香菇5克，虫草花10克，姜丝、香油、食用油、盐各适量
	泥鳅烧豆腐	泥鳅20克，嫩豆腐30克，姜末、葱花、生抽、香油、食用油、盐各适量
	杂粮饭	大米40克，红米30克
晚加餐	无糖奶粉	无糖奶粉20克

第**15**天		
早餐	玉米鸡蛋蔬菜卷	玉米面粉10克，白面粉20克，鸡蛋1个，黄豆芽50克，紫甘蓝50克，青瓜50克，盐、香油、食用油各适量
	豆浆	黄豆15克
早加餐	红豆红薯汤	红豆30克，红薯50克，牛奶50毫升
午餐	五色糙米饭	糙米10克，红米5克，燕麦米10克，高粱米5克，大米30克，香油适量
	薏米红豆炖鸭肉汤	鸭肉50克，薏米10克，红豆10克，姜片、盐各适量
	丝瓜蒸鲍鱼	丝瓜100克，鲍鱼50克，姜丝、葱丝、彩椒粒、盐、蒸鱼豉油、食用油、香油各适量
	番茄炒菜花	番茄50克，菜花100克，香油、盐各适量
午加餐	火龙果奶昔	火龙果200克，牛奶50毫升，温水30毫升
晚餐	紫苏姜丝炒蛤蜊	蛤蜊50克，彩椒丝20克，姜丝、紫苏叶、盐、生抽、香油、食用油各适量
	丝瓜鸡蛋鲫鱼汤	丝瓜50克，鸡蛋1个，鲫鱼90克，姜片、葱花各适量
	油菜炒海鲜菇	小油菜50克，海鲜菇30克，红彩椒、黄彩椒20克，盐、姜片、香油、食用油各适量
	杂粮饭	大米40克，黑米10克，小米10克
晚加餐	苏打饼干	苏打饼干35克

第16天		
早餐	番茄鸡蛋肉丝面片汤	番茄100克，鸡蛋1个，瘦肉10克，荞麦面粉25克，白面粉25克，盐、香油、葱、食用油各适量
早加餐	紫薯杂粮饼	紫薯20克，全麦面粉30克，香油、盐各适量
午餐	双笋炒虾仁	虾仁30克，玉米笋20克，芦笋50克，海鲜菇30克，彩椒10克，盐、姜片、葱段、香油、食用油各适量
	腐竹拌芹菜	干腐竹10克，芹菜50克，彩椒20克，盐、姜末、香油各适量
	高粱米饭	高粱米20克，大米45克
	杜仲炖乌鸡汤	杜仲10克，乌鸡100克，干香菇10克，枸杞子、盐、姜片各适量
午加餐	小樱桃	小樱桃200克
晚餐	五彩养生菜	山药20克，荷兰豆30克，紫甘蓝30克，彩椒10克，盐、姜片、香油、食用油各适量
	藜麦饭	藜麦20克，大米35克
	秋葵炒牛肉	秋葵60克，牛肉30克，彩椒丝10克，盐、生抽、葱段、生粉、姜片、香油、食用油各适量
	竹笙冬瓜炖龙骨汤	干竹笙10克，冬瓜50克，龙骨50克（带骨头150克），姜片、葱段、盐各适量
晚加餐	黑芝麻豆浆	黑芝麻15克，黄豆10克

第17天		
早餐	杂粮窝头	黑米面粉5克，黑豆面粉5克，荞麦面粉5克，黄豆面粉5克，全麦面粉10克，中筋面粉20克，酵母3克，牛奶适量，长豆角粒、瘦肉末、彩椒粒、姜末、盐、香油各适量
	纯牛奶	牛奶100毫升
早加餐	翡翠蛋羹	西蓝花100克，鸡蛋2个
午餐	陈皮炖鸭汤	鸭肉40克，老陈皮10克，姜片、盐各适量
	杂粮饭	大米45克，红豆10克，红米10克
	西芹腰果炒鳕鱼	西芹80克，熟腰果8克，鳕鱼40克，彩椒10克，柠檬片，姜片、柠檬汁、葱、盐、香油、食用油各适量
	木耳炒莴笋	泡发黑木耳20克，莴笋100克，姜末、盐、香油各适量
午加餐	苹果	苹果200克
晚餐	姜黄海鲜饭	大米50克，糙米20克，姜黄粉10克，洋葱、虾20克，彩椒粒10克，干香菇5克，葱花、盐、香油、食用油各适量
	清炒莜麦菜	莜麦菜100克，姜末、盐、香油各适量
	石斛瘦肉汤	瘦肉15克，石斛2粒，干虫草花10克，姜片、盐、枸杞子各适量
	香油拌鸡丝	鸡胸肉30克，胡萝卜30克，莴笋50克，盐、香油、生抽、葱、姜、食用油各适量
晚加餐	木瓜花生银耳汤	木瓜80克，干银耳30克，花生仁15克

		第18天
早餐	西葫芦鸡蛋饼	鸡蛋1个，全麦面粉30克，西葫芦70克，盐、食用油各适量
	纯牛奶	牛奶100毫升
早加餐	莲子银耳汤	干银耳30克，干莲子15克，枸杞子5克
午餐	燕麦饭	燕麦米20克，大米50克
	香菇鸡汤	鸡肉30克，干香菇10克，姜片、葱花、盐各适量
	红烧黄花鱼	黄花鱼50克，姜末、葱末、彩椒粒、香油、盐、生抽、食用油各适量
	草菇彩椒炒包菜	草菇50克，包菜80克，彩椒片30克，姜片、葱段、盐、香油、食用油各适量
午加餐	橙子	橙子200克
晚餐	秋葵木耳番茄肉片汤	瘦肉20克，番茄50克，泡发黑木耳30克，秋葵30克，生粉、姜片、盐、香油各适量
	杂粮饭	大米40克，大黄米10克，大麦10克
	鱿鱼炒芹菜	鲜鱿鱼30克，芹菜100克，彩椒20克，姜片、葱段、盐、香油、料酒、食用油各适量
	虫草花蒸鸡翅	鸡翅30克，干虫草花20克，姜片、葱段、盐、生抽、香油、枸杞子各适量
晚加餐	全麦面包	全麦面包70克

第19天		
早餐	蛋饼蔬菜卷	鸡蛋1个，全麦面粉30克，绿豆芽20克，紫甘蓝10克，豆皮5克，盐、香油、葱花、食用油各适量
	豆浆	黄豆15克，红枣3克
早加餐	木瓜炖牛奶	木瓜200克，牛奶150毫升
午餐	罗宋汤	牛肉50克，洋葱、番茄50克，胡萝卜30克，芹菜10克，姜、葱、盐各适量
	蛋白煮丝瓜	丝瓜120克，鸡蛋清1个，盐、香油、姜丝、枸杞子、食用油各适量
	红烧鸡翅	鸡翅30克，油菜50克，姜片、葱段、生抽、盐、香油、胡萝卜丝、食用油各适量
	杂粮饭	大米50克，小米30克
午加餐	番石榴	番石榴200克
晚餐	平菇肉丸汤	瘦肉30克，平菇50克，姜末、葱花、生粉、盐各适量
	杂粮饭	大米40克，小米30克，玉米糁10克
	魔芋烧鸭	鸭肉50克，魔芋100克，红彩椒粒、姜末、葱末、香油、生抽、盐、食用油各适量
	香油菌菇拌紫甘蓝	海鲜菇50克，莴笋50克，紫甘蓝50克，黄彩椒、盐、香油、食用油各适量
晚加餐	坚果、牛奶	碧根果15克，牛奶150毫升

		第**20**天
早餐	香菇白菜豆腐包	干香菇2克，白菜10克，白豆腐干5克，虾皮1克，鸡蛋1个，白面粉20克，荞麦面粉10克，酵母1克，红曲粉、盐、香油、生抽、葱花、姜末、食用油各适量
	纯牛奶	牛奶100毫升
早加餐	山药百合汤	山药150克，百合30克
午餐	红豆糙米饭	红豆10克，糙米15克，大米50克
	虾仁鲫鱼玉米汤	麻虾60克，鲫鱼50克，玉米30克，盐、姜片、食用油各适量
	香卤牛肉	牛肉30克，盐、生抽、料酒、姜片、葱段、青瓜片各适量
	清炒红薯苗	红薯苗150克，香油、盐各适量
午加餐	草莓	草莓300克
晚餐	番茄鸡蛋汤	番茄50克，鸡蛋1个，盐、香油、葱花各适量
	杂粮饭	大米50克，荞麦米30克
	彩椒芹菜炒猪肚	猪肚35克，芹菜50克，彩椒50克，姜片、葱段、生抽、盐、料酒、白胡椒、香油、白面粉、食用油各适量
	白灼菜心	菜心120克，生抽、香油各适量
晚加餐	红豆花生汤	红豆50克，花生仁20克

		第**21**天	
早餐	南瓜虾米炒粉丝	南瓜100克，龙口粉丝25克，干虾米6克，干香菇30克，姜末、葱花、香油、生抽、食用油各适量
	黑豆豆浆	黑豆25克
早加餐	豆浆蒸蛋羹	豆浆100毫升，鸡蛋2个，枸杞子4克
午餐	清蒸鳕鱼	鳕鱼1小块（50克），姜片、葱段、柠檬片、盐、小番茄、熟毛豆各适量
	荞麦饭	荞麦25克，大米60克，食用油适量
	黄芪乌鸡汤	黄芪5克，乌鸡40克，姜片、葱段、盐各适量
	木耳炒西蓝花	西蓝花150克，泡发黑木耳40克，姜丝、盐、香油各适量
午加餐	火龙果	火龙果300克
晚餐	番茄紫菜汤	番茄50克，紫菜10克，盐、香油、葱花各适量
	芹菜肉丝炒豆干	芹菜80克，瘦肉30克，豆干30克，姜丝、彩椒、葱段、生抽、盐、生粉、香油、食用油各适量
	香菇炒油菜	鲜香菇30克，油菜100克，姜末、盐、生粉、香油各适量
	杂粮饭	大米50克，红米30克
晚加餐	无糖奶粉	无糖奶粉25克

第22天		
早餐	翡翠白玉饺	干香菇5克，白菜20克，干黑木耳5克，鸡蛋1个，全麦面粉40克，菠菜汁10克，盐、香油、姜末、葱花、食用油各适量
早加餐	蒸玉米	玉米180克
午餐	青木瓜眉豆鱼尾汤	草鱼尾50克，青木瓜60克，眉豆8克，姜片、盐、食用油各适量
	黑椒芦笋炒牛柳	牛柳肉50克，芦笋60克，彩椒20克，姜丝、葱段、黑胡椒、盐、生抽、生粉、食用油各适量
	紫甘蓝炒彩椒	紫甘蓝100克，彩椒20克，香油适量
	红米饭	大米40克，红米30克
午加餐	火龙果	火龙果250克
晚餐	双耳炒肉片	瘦肉30克，干银耳5克，干黑木耳5克，彩椒、姜片、葱段、盐、生抽、香油、生粉、食用油各适量
	莲子猪肚汤	猪肚20克，龙骨35克（带骨头70克），干莲子10克，姜片、葱段、盐、料酒、白面粉各适量
	四色炒鸡丁	鸡胸肉30克，黄瓜50克，胡萝卜15克，香菇20克，盐、姜粒、葱花、香油、食用油各适量
	杂粮饭	大米40克，玉米糁25克
晚加餐	鹌鹑蛋	鹌鹑蛋6个

		第**23**天
早餐	肉丝青菜荞麦面	瘦肉20克，荞麦面60克，青菜50克，盐、生抽、彩椒粒、葱花、姜丝、香油、食用油各适量
早加餐	牛奶蔬菜卷	白面粉30克，牛奶20毫升，紫甘蓝20克，豆皮、胡萝卜、黄豆芽、青瓜各10克，盐、姜汁、葱花、香油、食用油各适量
午餐	虾仁蒸蛋	鸡蛋1个，麻虾50克，盐、香油各适量
	白灼芥蓝	芥蓝150克，生抽、香油各适量
	党参炖鸡汤	鸡肉50克，党参10克，生姜、盐、枸杞子各适量
	玉米饭	玉米60克，大米50克
午加餐	苹果燕麦奶昔	苹果50克，燕麦30克，牛奶100毫升，温水20毫升
晚餐	冬瓜瑶柱炖排骨汤	排骨50克，冬瓜50克，瑶柱10克，姜片、盐、葱段、料酒、枸杞子各适量
	杂粮饭	大米50克，白扁豆5克，糙米10克
	牡蛎豆腐煮丝瓜	牡蛎肉30克，丝瓜50克，鲜香菇10克，嫩豆腐30克，姜丝、盐、香油、枸杞子、食用油各适量
	清炒莜麦菜	莜麦菜100克，食用油、盐各适量
晚加餐	雪莲子炖桃胶	雪燕10克，桃胶10克，雪莲子10克，干莲子5克，枸杞子5克，牛奶30毫升，代糖适量

		第**24**天
早餐	牛肉夹饼	全麦面粉50克，酵母1克，牛肉30克，盐、生抽、生粉、洋葱、彩椒、食用油各适量
	蔬菜汤	菠菜30克，鲜香菇20克，胡萝卜10克，香油、盐各适量
早加餐	红豆薏米汤	红豆35克，薏米25克
午餐	四神排骨汤	排骨40克，盐、姜片各适量；四神药材：茯苓10克，干莲子10克，山药10克，薏米10克
	黄花鱼烧豆腐	黄花鱼50克，嫩豆腐50克，姜末、葱末、彩椒粒、香油、盐、米酒、生抽、食用油各适量
	清炒小白菜	小白菜100克，食用油、盐各适量
	杂粮饭	大米25克，黑米5克，燕麦米5克
午加餐	橙子	橙子250克
晚餐	番茄鸡蛋汤	番茄50克，鸡蛋1个，葱花、香油各适量
	西葫芦炒虾仁	鲜虾仁60克，西葫芦100克，盐、姜片、葱段、香油、食用油各适量
	蛋白虫草花煮菠菜	菠菜100克，鲜虫草花10克，鸡蛋清1个，盐、姜丝、香油、食用油各适量
	杂粮饭	大米45克，小米20克
晚加餐	葛根粉	无糖葛根粉35克

第25天		
早餐	紫菜虾皮馄饨	馄饨皮12张，瘦肉30克，紫菜10克，盐、香油、姜末、葱花各适量
早加餐	柚子牛奶燕麦片	无糖即食燕麦片35克，牛奶60毫升，樱桃3颗，柚子肉60克
午餐	糙米饭	三色糙米30克，大米50克
	金针木耳炖鸡汤	干金针菜10克，干黑木耳5克，鸡肉30克，姜片、白胡椒各适量
	清炒莴笋片	莴笋100克，泡发黑木耳20克，彩椒片、盐、姜片、香油、食用油各适量
	茶树菇炒牛肉	茶树菇100克，牛肉30克，彩椒15克，盐、生抽、葱段、姜片、生粉、香油、食用油各适量
午加餐	猕猴桃	猕猴桃200克
晚餐	青红椒炒小鱼干	小鱼干20克，青红椒80克，姜丝、葱粒、盐、生抽、香油、食用油各适量
	茭白炒肉丝	瘦肉30克，茭白120克，彩椒丝20克，姜丝、葱段、生抽、生粉、香油、盐、食用油各适量
	海参炖鸡汤	泡发海参1条，鸡肉20克，陈皮10克，姜、盐各适量
	杂粮饭	大米50克，黑米15克
晚加餐	黑豆花生豆浆	黑豆15克，花生仁20克

		第26天
早餐	肉菜包	全麦面粉30克，包菜30克，牛肉馅10克，泡发黑木耳10克，鸡蛋1个，酵母1克，姜末、葱末、盐、生抽、香油各适量
	豆浆	黄豆15克
早加餐	南瓜虾皮汤	南瓜200克，虾皮10克，盐、香油各适量
午餐	五指毛桃炖瘦肉汤	瘦肉25克，五指毛桃10克，姜、盐各适量
	杂粮饭	大米50克，玉米糁30克
	洋葱彩椒炒鸡丝	鸡胸肉50克，洋葱、彩椒30克，姜丝、葱白段、盐、生抽、香油、食用油各适量
	白灼菜心	菜心180克，生抽、香油、葱丝各适量
午加餐	番石榴	番石榴300克
晚餐	杂粮饭	大米40克，小米30克
	鱼骨鸡蛋菌菇汤	带鱼头的鲈鱼骨50克，鸡蛋1个，海鲜菇80克，枸杞子、盐、姜片、食用油各适量
	莴笋滑鱼片	莴笋80克，鲈鱼肉60克，蒸鱼豉油、盐、香油、姜、葱、食用油各适量
	姜汁炒芥蓝	芥蓝150克，生抽、姜丝、香油各适量
晚加餐	苏打饼干	苏打饼干20克
	核桃黑芝麻糊	核桃2个，黑芝麻10克

第**27**天

早餐	玉米发糕	玉米面粉20克，酵母1克，鸡蛋1个，白面粉20克，食用油适量
	纯牛奶	牛奶120毫升
	烫青菜	生菜60克，生抽、香油各适量
早加餐	木瓜银耳炖牛奶	木瓜100克，干银耳35克，牛奶120毫升
午餐	眉豆花生鸡脚汤	鸡脚1只，眉豆10克，花生仁6克，姜片、葱段、盐各适量
	肉末莴笋丝	莴笋100克，牛肉末30克，彩椒粒20克，姜末、葱白末、盐、生抽、香油、食用油各适量
	木耳洋葱炒鸡蛋	鸡蛋1个，泡发黑木耳50克，洋葱20克，彩椒10克，葱花、盐、香油、食用油各适量
	杂粮饭	大米50克，红米15克
午加餐	木瓜奶昔	木瓜250克，牛奶80毫升，温水20毫升
晚餐	羊肚菌酿肉	羊肚菌25克，瘦肉末30克，西蓝花30克，鸡蛋清1个，姜末、葱白末、盐、生抽、枸杞子、香油、食用油各适量
	杂粮饭	大米50克，藜麦20克
	腐竹青瓜炒彩椒	干腐竹12克，青瓜80克，彩椒20克，盐、姜片、香油、食用油各适量
	平菇番茄豆腐汤	平菇50克，番茄50克，嫩豆腐30克，姜丝、葱花、盐各适量
晚加餐	无糖奶粉	无糖奶粉25克

第28天		
	荞麦麻酱卷	荞麦面粉30克，鸡蛋1个，牛奶20毫升，生菜10克，芝麻酱3克，盐、食用油、葱段各适量
早餐	豆浆	黄豆15克
	烫青菜	青菜50克，生抽、香油各适量
早加餐	鲜橙蒸蛋	鲜橙1个，鸡蛋1个，盐适量
	清蒸太阳鱼	太阳鱼50克，姜丝、姜片、葱丝、葱段、蒸鱼豉油、香油各适量
	西芹玉米炒百合	西芹50克，嫩玉米粒30克，鲜百合10克，胡萝卜20克，盐、姜片、香油、食用油各适量
午餐	黄芪炖乌鸡汤	黄芪10克，乌鸡50克，姜片适量
	清炒红苋菜	红苋菜100克，食用油、盐各适量
	杂粮饭	大米40克，糙米30克
午加餐	草莓	草莓300克
	瓜花炒珍菌	黄瓜花60克，海鲜菇60克，彩椒20克，姜片、盐、香油、食用油各适量
	姜汁白灼虾	基围虾100克，姜、葱、香油、料酒、生抽各适量
晚餐	猴头菇炖骨头汤	脊骨150克（带骨），猴头菇80克，姜片适量
	杂粮饭	大米50克，黑米30克
晚加餐	牛奶、坚果	牛奶200毫升，坚果10克

糖尿病月子营养配餐28天食谱（2000～2100千卡）

2000～2100千卡
第一周
饮食搭配参考

特殊饮食情况说明：
糖妈生产完的前三天对热量需求没有明确性，请根据每个糖妈的实际情况来设计食谱。

第1天		
早餐	山药瘦肉蔬菜粥	山药100克，瘦肉40克，大米50克，青菜100克，盐、香油各适量
早加餐	莲藕红豆粥	莲藕50克，红豆15克，大米40克
午餐	菌汤鸡丝荞麦面	鸡肉100克，荞麦面90克，胡萝卜60克，金针菇50克，青菜100克，姜丝、食用油、盐、香油各适量
午加餐	玉米面粥	玉米面粉30克，小麦粉10克，赤小豆10克，芹菜叶20克
晚餐	平菇小米蛋花粥	平菇200克，小米125克，鸡蛋1个，枸杞子5克，盐、香油各适量
晚加餐	瘦肉冬瓜汤	瘦肉60克，冬瓜150克，枸杞子5克，盐、香油、姜丝各适量

注：食谱中的克重表示参考食用量。全天烹调用油控制在25～30克，全天食用盐控制在5克以内。

		第2天
早餐	鸭血粉丝汤	鸭血50克，瘦肉20克，龙口粉丝50克，青菜100克，姜丝、盐、香油、食用油、葱花各适量
早加餐	紫菜小馄饨	白面粉55克，瘦肉35克，紫菜5克，盐、香油各适量
午餐	二米饭	大米60克，小米30克
	丝瓜肉丝汤	瘦肉40克，丝瓜150克，盐、香油各适量
	肉末蒸蛋羹	瘦肉末10克，鸡蛋1个，盐、香油、葱花各适量
	清炒紫甘蓝	紫甘蓝150克，黄彩椒丝20克，葱白末5克，食用油、香油、盐各适量
午加餐	南瓜蒸百合	南瓜150克，鲜百合20克，枸杞子5克
晚餐	麦片米饭	燕麦片30克，大米50克
	紫菜蛋花汤	紫菜20克，鸡蛋1个，虾皮1克，葱花、盐、香油各适量
	芙蓉鸡丝	鸡胸肉50克，荷兰豆50克，鸡蛋清10克，彩椒丝20克，姜丝、盐、食用油、香油各适量
	白灼生菜	生菜100克，生抽、香油各适量
晚加餐	无糖银耳莲子汤	干银耳35克，干莲子15克

第3天		
早餐	三鲜饺子	白面粉55克，瘦肉30克，鲜香菇30克，黑木耳10克，白菜20克，盐、香油各适量
早加餐	麦片水果羹	蓝莓20克，苹果粒80克，无糖即食燕麦片40克，无糖酸奶1小杯（100克）
午餐	杂粮饭	藜麦5克，薏米5克，燕麦5克，黑米5克，糙米5克，红豆5克，小米5克，大米50克
	益母草瘦肉汤	干益母草10克，瘦肉40克，老姜、盐各适量
	杏鲍菇彩椒炒鸡片	杏鲍菇100克，鸡胸肉50克，彩椒30克，盐、食用油、香油、姜片、葱段各适量
	香油红苋菜	红苋菜100克，香油、盐各适量
午加餐	黑豆豆浆	黑豆25克
晚餐	二米饭	大米40克，小米25克
	茭白炒蛋	鸡蛋1个，茭白100克，青彩椒30克，盐、食用油、香油、葱花各适量
	赤小豆乳鸽汤	赤小豆10克，乳鸽1只，姜片、葱段、枸杞子、盐各适量
	香油菠菜	菠菜150克，香油适量
晚加餐	葛根粉	无糖葛根粉35克

		第4天
早餐	鹌鹑蛋	鹌鹑蛋3个
	蒸山药	山药150克
	纯牛奶	牛奶200毫升
	烫青菜	青菜60克，香油、盐各适量
早加餐	鸡蛋嫩玉米羹	鸡蛋2个，嫩玉米60克，枸杞子5克，盐、香油各适量
午餐	藜麦饭	藜麦25克，大米60克
	丝瓜鸡蛋汤	鸡蛋1个，丝瓜100克，姜丝、枸杞子2克，盐、香油各适量
	滑炒黑鱼片	泡发黑木耳60克，黑鱼肉60克，彩椒片30克，盐、姜丝、葱段、香油、鸡蛋清、食用油、生粉各适量
	香菇炒油菜	鲜香菇30克，油菜100克，食用油、盐各适量
午加餐	苹果	苹果200克
晚餐	杂粮饭	糙米15克，红豆10克，大米50克
	菠菜猪肝瘦肉汤	猪肝30克，瘦肉20克，菠菜100克，枸杞子3克，姜丝、盐、葱段、香油各适量
	小米蒸排骨	小米15克，排骨30克，西蓝花30克，鸡蛋清10克，姜丝、葱段、香油、生抽、盐各适量
	白灼菜心	菜心100克，鲜虫草花10克，肉丝5克，食用油、盐、香油、姜丝各适量
晚加餐	花生薏米汤	花生仁15克，薏米35克

第5天		
早餐	鱼片蔬菜小米燕麦粥	鱼片30克，干香菇5克，胡萝卜20克，青菜30克，燕麦片40克，小米30克，盐适量
早加餐	肉末豆腐花	黄豆20克，内酯2克，瘦肉末20克，姜末、枸杞子、盐、香油、食用油各适量
午餐	玉米山药饭	玉米20克，山药80克，大米75克
	白菜鸡肉丸汤	鸡胸肉50克，白菜50克，鸡蛋清、盐、生粉、香油、姜末、葱末各适量
	莴笋木耳炒肉片	瘦肉30克，干黑木耳20克，莴笋100克，胡萝卜10克，姜片、葱段、盐、食用油、香油、生粉各适量
	清炒双色菜花	菜花50克，西蓝花50克，胡萝卜10克，姜片、食用油、盐、香油各适量
午加餐	猕猴桃	猕猴桃200克
晚餐	杂粮饭	黑米30克，大米50克
	萝卜龙骨汤	白萝卜100克，龙骨50克（带骨头80克），姜片、盐、葱花各适量
	银耳炒鸡胸肉	干银耳20克，鸡胸肉35克，彩椒片30克，姜片、葱段、盐、香油、食用油各适量
	香油红苋菜	红苋菜120克，香油、盐各适量
晚加餐	红豆薏米汤	红豆40克，薏米20克
	鹌鹑蛋	鹌鹑蛋4个

第6天		
早餐	豆浆	黄豆20克，红枣5克，枸杞子2克
	蔬菜包	白面粉50克，青菜30克，胡萝卜20克，盐、香油各适量
早加餐	无糖藕粉	无糖藕粉50克
	坚果	核桃仁10克
午餐	藜麦饭	藜麦25克，大米40克，玉米粒10克
	菠菜鸡蛋汤	菠菜50克，鸡蛋1个，盐少许
	金针莴笋炒肉丝	干金针菜15克，莴笋70克，瘦肉60克，彩椒丝10克，姜丝、葱段、盐、鸡蛋清、香油、生抽、食用油、生粉各适量
	香菇扒油菜	鲜香菇30克，油菜100克，胡萝卜丝10克，姜片、盐、生抽、食用油、香油各适量
午加餐	草莓	草莓200克
晚餐	黑豆黑米杂粮饭	黑豆5克，黑米10克，糙米10克，大米30克
	冬瓜薏米排骨汤	冬瓜100克，排骨50克，薏米10克，姜片、枸杞子、盐各适量
	海鲜菇炒鸡柳	海鲜菇100克，鸡胸肉50克，彩椒条30克，盐、老姜丝、葱段、食用油、香油各适量
	上汤芥蓝	芥蓝100克，老姜片、鸡汤50克，盐、枸杞子各适量
晚加餐	牛奶、燕麦片	牛奶120毫升，无糖即食燕麦片30克

第7天		
早餐	芹菜肉丝蛋花粥	芹菜30克，瘦肉20克，鸡蛋1个，大米50克，盐、香油、姜丝各适量
早加餐	红薯红豆汤	红薯60克，红豆30克
午餐	苹果银耳瘦肉汤	苹果50克，干银耳10克，瘦肉30克，盐、枸杞子各适量
	黄豆芽炒鸡丝	鸡胸肉50克，黄豆芽50克，彩椒30克，盐、姜丝、葱段、食用油、香油各适量
	二米饭	大米50克，小米30克
	清炒鸡毛菜	鸡毛菜100克，食用油各适量
午加餐	番石榴	番石榴250克
晚餐	香菇炒肉片	瘦肉50克，鲜香菇100克，青彩椒30克，姜片、葱段、盐、香油、鸡蛋清、生抽、食用油、生粉各适量
	清炒冬瓜片	冬瓜100克，食用油、香油各适量
	杂粮饭	燕麦米10克，糙米15克，黄豆10克，大米50克
	菠菜鱼片汤	鱼肉50克，菠菜50克，姜丝、葱段、盐、枸杞子、香油、鸡蛋清、生粉各适量
晚加餐	无糖五红汤	红豆10克，赤小豆10克，红皮花生仁20克，红米10克，枸杞子适量

		第8天
早餐	藜麦鸡蛋饼	藜麦25克，鸡蛋1个，胡萝卜末30克，葱花、盐、食用油各适量
	纯牛奶	牛奶150毫升
	烫青菜	青菜50克，生抽、香油各适量
早加餐	紫薯银耳汤	紫薯100克，干银耳30克
午餐	山药玉米排骨汤	排骨40克，山药30克，玉米30克，姜片、盐各适量
	香菇蒸鸡翅	鸡翅50克，干香菇10克，姜片、葱段、盐、生抽、香油各适量
	番茄炒西蓝花	番茄30克，西蓝花100克，盐、食用油各适量
	杂粮饭	黑米10克，小米10克，大米40克
午加餐	火龙果	火龙果200克
晚餐	裙带菜鲫鱼豆腐汤	鲫鱼1条（80克），干裙带菜10克，嫩豆腐30克，盐、姜片、葱段、食用油、枸杞子各适量
	西芹百合腰果炒鸡丁	西芹50克，鲜百合15克，鸡肉25克，熟腰果仁10克，盐、姜粒、葱粒、香油、食用油各适量
	荷兰豆山药炒木耳	荷兰豆80克，山药50克，干黑木耳5克，彩椒片20克，盐、姜片、食用油、香油各适量
	薏米饭	薏米15克，大米40克
晚加餐	苏打饼干	苏打饼干40克

第9天		
早餐	黑米花生粥	黑米40克，花生仁15克
	鸡蛋	鸡蛋1个
	香油西蓝花	西蓝花60克，香油适量
早加餐	全麦吐司	全麦吐司50克
	黄芪通草茶	黄芪10克，通草5克
午餐	薏米饭	薏米25克，大米60克
	杂蔬鸡肉汤	鸡肉30克，瓠瓜50克，胡萝卜30克，老豆腐30克，干香菇5克，盐、姜片各适量
	芹菜彩椒炒香干	香干40克，香芹50克，彩椒20克，姜丝、盐、香油各适量
	白灼菜心	菜心120克，姜丝、生抽、香油各适量
午加餐	苹果燕麦奶昔	苹果100克，无糖即食燕麦片35克，纯牛奶100毫升，温开水30毫升
晚餐	木瓜鲫鱼汤	鲫鱼80克，青木瓜50克，姜片、葱段、盐、食用油、枸杞子各适量
	彩椒木耳肉片	瘦肉30克，干黑木耳6克，彩椒片20克，盐、生抽、姜片、葱段、香油、鸡蛋清、食用油、生粉各适量
	芦笋炒珍菌	芦笋50克，鲜百合20克，鸡枞菇50克，彩椒20克，盐、姜片、香油各适量
	二米饭	大米50克，小米30克
晚加餐	黑芝麻豆浆	黑芝麻20克，黄豆5克

		第**10**天
早餐	山药南瓜煮牛奶	山药150克，南瓜50克，枸杞子5克，牛奶150毫升
	鸡蛋	鸡蛋1个
	烫青菜	青菜100克，香油、生抽各适量
早加餐	蒸玉米	鲜玉米150克
午餐	虫草花瘦肉汤	干虫草花20克，瘦肉20克，姜片、盐、枸杞子各适量
	清蒸鲈鱼	鲈鱼80克，彩椒10克，小番茄、蒸鱼豉油、香油、姜丝、葱、食用油各适量
	杂粮饭	大米50克，燕麦米15克，红米15克
	香油红苋菜	红苋菜150克，香油、盐各适量
午加餐	橙子	橙子300克
晚餐	杂粮饭	大米60克，大麦10克，糙米20克
	虾皮豆腐白菜汤	虾皮3克，嫩豆腐50克，白菜50克，枸杞子、姜丝、盐、香油各适量
	牛蒡芦笋炒鸡丝	牛蒡50克，芦笋100克，鸡胸肉50克，盐、姜丝、彩椒条、葱段、香油、食用油各适量
	清炒红薯苗	红薯苗100克，香油适量
晚加餐	木瓜花生银耳汤	木瓜50克，干银耳30克，花生仁10克，牛奶100毫升

		第11天
早餐	玉米面牛奶坚果发糕	玉米面粉20克，白面粉20克，酵母1克，牛奶10毫升，鸡蛋1个，坚果3克
	纯牛奶	牛奶100毫升
	烫青菜	青菜50克，生抽、香油各适量
早加餐	燕麦蛋奶布丁	燕麦50克，鸡蛋1个，牛奶50毫升
午餐	黄芪炖鸡汤	黄芪5克，鸡肉35克，姜片、盐、枸杞子各适量
	西蓝花虾仁滑蛋	西蓝花60克，鸡蛋1个，虾仁30克，盐、香油、食用油、彩椒末各适量
	香油拌龙须菜	龙须菜150克，彩椒20克，香油、盐、姜汁各适量
	杂粮饭	大米50克，高粱米15克，黑米20克
午加餐	猕猴桃	猕猴桃150克
晚餐	豆芽海带排骨汤	排骨30克，海带50克，黄豆芽50克，姜片、葱结、盐各适量
	豌豆炒鸡胸肉	鸡胸肉35克，豌豆60克，胡萝卜丁25克，姜片、葱段、盐、香油、食用油各适量
	清炒莜麦菜	莜麦菜100克，红彩椒丝10克，姜丝、香油、盐、食用油各适量
	杂粮饭	大米55克，红豆10克，黑米20克
晚加餐	全麦面包	全麦面包50克

	第12天	
早餐	苋菜银鱼糙米粥	糙米30克，粳米30克，干银鱼25克，苋菜60克，盐、姜丝、香油、食用油各适量
早加餐	藜麦馒头	藜麦粉20克，白面粉30克，盐适量
	枸杞子豆浆	枸杞子5克，黄豆10克
午餐	番茄牛肉汤	牛肉50克，番茄50克，胡萝卜30克，洋葱30克，芹菜10克，葱花、姜片、盐，食用油各适量
	香芹炒鳝段	鳝鱼100克，芹菜50克，彩椒30克，姜片、葱段、香油、盐、生抽、食用油各适量
	山药莴笋炒木耳	山药20克，莴笋50克，泡发黑木耳20克，彩椒20克，姜片、盐、香油、食用油各适量
	杂粮饭	大米50克，红豆10克，荞麦米20克
午加餐	番石榴	番石榴250克
晚餐	黄芪瘦肉汤	黄芪10克，瘦肉50克，枸杞子3克，姜片、盐各适量
	鸭血烧豆腐	鸭血50克，嫩豆腐50克，瘦肉末10克，老姜末、葱花、彩椒粒10克，盐、食用油、香油、生抽各适量
	香菇炒油菜	鲜香菇60克，油菜150克，香油、盐各适量
	杂粮饭	大米60克，玉米糁25克
晚加餐	坚果、牛奶	牛奶150毫升，松子仁10克

第13天		
早餐	全麦面包	全麦面包65克
	纯牛奶	牛奶100毫升
	青瓜炒木耳胡萝卜	青瓜30克，泡发黑木耳20克，胡萝卜30克，姜片、盐、香油、食用油各适量
早加餐	豆腐花	内酯豆腐200克，黑木耳20克，干金针菜5克，鲜香菇20克，生抽、葱、香油各适量
午餐	秋葵番茄鱼片汤	鲈鱼肉50克，番茄50克，秋葵50克，姜丝、盐、香油、芹菜、食用油各适量
	长豆角炒肉丝	长豆角100克，瘦肉35克，鸡蛋清10克，彩椒丝20克，盐、姜丝、葱段、生抽、生粉、香油、食用油各适量
	杂粮饭	大米50克，小米15克，燕麦米20克
	清炒紫甘蓝	紫甘蓝80克，黄彩椒丝10克，葱白末、姜丝、食用油、香油各适量
午加餐	木瓜奶昔	木瓜300克，牛奶100毫升，温水30毫升
晚餐	杂粮饭	大米50克，小米30克
	山药杂蔬汤	山药50克，鲜香菇50克，鸡蛋1个，莜麦菜50克，盐、姜末、香油、食用油各适量
	银鱼煎蛋	干银鱼5克，鸡蛋1个，葱花、葱丝、彩椒粒、彩椒丝、盐、香油、食用油各适量
	麻酱拌菠菜	菠菜150克，芝麻酱3克，盐、彩椒、香油各适量
晚加餐	红豆花生汤	红豆50克，花生仁15克

第14天		
早餐	紫菜虾皮馄饨	鸡胸肉30克，馄饨皮13张，鸡蛋清10克，紫菜5克，虾皮3克，葱花、香菜、姜末、香油、生抽、盐各适量
	青菜	生菜100克
早加餐	黑芝麻燕麦牛奶	黑芝麻10克，无糖即食燕麦片60克，牛奶60毫升
午餐	茶树菇炖鸽肉汤	干茶树菇10克，鸽子50克，姜、盐适量
	糙米饭	大米50克，糙米30克
	蛤蜊葱花炒蛋	蛤蜊10克，鸡蛋1个，葱花、彩椒粒、盐、香油、食用油各适量
	香油拌西蓝花	西蓝花150克，香油、盐、彩椒丝各适量
午加餐	小番茄	小番茄200克
晚餐	腰果杂菌汤	腰果10克，干虫草花10克，姬松茸30克，姜片、盐各适量
	上汤娃娃菜	娃娃菜100克，瘦肉15克，干香菇5克，干虫草花10克，姜丝、香油、食用油、盐各适量
	泥鳅烧豆腐	泥鳅20克，嫩豆腐50克，姜末、葱花、生抽、香油、食用油、盐各适量
	杂粮饭	大米50克，红米30克
晚加餐	无糖奶粉	无糖奶粉15克

第**15**天		
早餐	玉米鸡蛋蔬菜卷	玉米面粉10克，白面粉30克，鸡蛋1个，黄豆芽50克，紫甘蓝50克，青瓜50克，盐、香油、食用油各适量
	豆浆	黄豆15克
早加餐	红豆红薯汤	红豆35克，红薯50克，牛奶50毫升
午餐	五色糙米饭	糙米10克，红米5克，燕麦米10克，高粱米5克，大米50克，香油适量
	薏米红豆炖鸭肉汤	鸭肉50克，薏米5克，红豆10克，姜片、盐各适量
	丝瓜蒸鲍鱼	丝瓜100克，鲍鱼50克，姜丝、葱丝、彩椒粒、盐、蒸鱼豉油、食用油、香油各适量
	番茄炒菜花	番茄50克，菜花100克，香油、盐各适量
午加餐	火龙果奶昔	火龙果200克，牛奶50毫升，温水50毫升
晚餐	紫苏姜丝炒蛤蜊	蛤蜊50克，彩椒丝20克，姜丝、紫苏叶、盐、生抽、香油、食用油各适量
	丝瓜鸡蛋鲫鱼汤	丝瓜50克，鸡蛋1个，鲫鱼90克，姜片、葱花各适量
	油菜炒海鲜菇	小油菜50克，海鲜菇30克，红彩椒10克，黄彩椒10克，盐、香油、姜片、食用油各适量
	杂粮饭	大米50克，黑米10克，小米15克
晚加餐	苏打饼干	苏打饼干40克

第16天		
早餐	番茄鸡蛋肉丝面片汤	番茄100克，鸡蛋1个，瘦肉20克，荞麦面粉20克，白面粉30克，盐、香油、葱、食用油各适量
早加餐	紫薯杂粮饼	紫薯35克，全麦面粉40克，香油、盐各适量
午餐	双笋炒虾仁	虾仁30克，玉米笋20克，芦笋50克，海鲜菇30克，彩椒10克，盐、姜片、葱段、香油、食用油各适量
	腐竹拌芹菜	干腐竹15克，芹菜50克，彩椒20克，盐、姜末、香油、食用油各适量
	高粱米饭	高粱米20克，大米60克
	杜仲炖乌鸡汤	杜仲10克，乌鸡100克，干香菇10克，枸杞子、盐、姜片各适量
午加餐	小樱桃	小樱桃250克
晚餐	五彩养生菜	山药50克，荷兰豆100克，紫甘蓝30克，彩椒10克，盐、姜片、香油、食用油各适量
	藜麦饭	藜麦20克，大米40克
	秋葵炒牛肉	秋葵80克，牛肉30克，彩椒丝10克，盐、生抽、葱段、生粉、姜片、香油、食用油各适量
	竹笙冬瓜炖龙骨汤	干竹笙20克，冬瓜50克，龙骨50克（带骨头150克），姜片、葱段、盐各适量
晚加餐	黑芝麻豆浆	黑芝麻5克，黄豆20克

第17天		
早餐	杂粮窝头	黑米面粉5克，黑豆面粉5克，荞麦面粉5克，黄豆面粉5克，全麦面粉5克，中筋面粉30克，酵母3克，牛奶适量，长豆角粒、瘦肉末、彩椒粒、姜末、盐、香油各适量
	纯牛奶	牛奶100毫升
早加餐	翡翠蛋羹	西蓝花100克，鸡蛋2个
午餐	陈皮炖鸭汤	鸭肉50克，老陈皮6克，姜片、盐各适量
	杂粮饭	大米50克，红豆10克，红米20克
	西芹腰果炒鳕鱼	西芹80克，熟腰果8克，鳕鱼40克，彩椒10克，柠檬1片，姜片、葱、柠檬汁、盐、香油、食用油各适量
	木耳炒莴笋	泡发黑木耳20克，莴笋100克，姜末、盐、香油各适量
午加餐	苹果	苹果250克
晚餐	姜黄海鲜饭	大米50克，糙米40克，姜黄粉8克，洋葱、虾仁30克，彩椒粒15克，干香菇5克，葱花、盐、香油、食用油各适量
	清炒莜麦菜	莜麦菜120克，姜末、盐、香油各适量
	石斛瘦肉汤	瘦肉10克，石斛2粒，干虫草花15克，姜片、盐、枸杞子各适量
	香油拌鸡丝	鸡胸肉30克，胡萝卜30克，莴笋100克，盐、香油、生抽、葱、姜、食用油各适量
晚加餐	木瓜花生银耳汤	木瓜150克，干银耳30克，花生仁20克

		第**18**天
早餐	西葫芦鸡蛋饼	鸡蛋1个，全麦面粉35克，西葫芦80克，盐、食用油各适量
	纯牛奶	牛奶100毫升
早加餐	莲子银耳汤	干银耳35克，干莲子20克，枸杞子5克
午餐	燕麦饭	燕麦米30克，大米60克
	香菇鸡汤	鸡肉30克，干香菇10克，姜片、葱花、盐各适量
	红烧黄花鱼	黄花鱼50克，姜末、葱末、彩椒粒、香油、盐、生抽、食用油各适量
	草菇彩椒炒包菜	草菇50克，包菜150克，彩椒片15克，姜片、葱段、盐、香油、食用油各适量
午加餐	橙子	橙子300克
晚餐	秋葵木耳番茄肉片汤	瘦肉25克，番茄50克，泡发黑木耳30克，秋葵50克，生粉、姜片、盐、香油各适量
	杂粮饭	大米50克，大黄米15克，大麦10克
	鱿鱼炒芹菜	鲜鱿鱼30克，芹菜100克，彩椒20克，姜片、葱段、盐、香油、料酒、食用油各适量
	虫草花蒸鸡翅	鸡翅2只，干虫草花20克，姜片、葱段、盐、生抽、香油、枸杞子各适量
晚加餐	全麦面包	全麦面包70克

第19天		
早餐	蛋饼蔬菜卷	鸡蛋1个，全麦面粉40克，绿豆芽30克，紫甘蓝20克，豆皮5克，盐、香油、葱花、食用油各适量
	豆浆	黄豆10克，红枣3克
早加餐	木瓜炖牛奶	木瓜250克，牛奶200毫升
午餐	罗宋汤	牛肉30克，洋葱、番茄50克，胡萝卜30克，芹菜10克，姜、葱、盐各适量
	蛋白煮丝瓜	丝瓜150克，鸡蛋清1个，盐、香油、姜丝、枸杞子、食用油各适量
	红烧鸡翅	鸡翅2只，油菜60克，姜片、葱段、生抽、盐、香油、胡萝卜丝、食用油各适量
	杂粮饭	大米50克，小米40克
午加餐	番石榴	番石榴200克
晚餐	平菇肉丸汤	瘦肉30克，平菇80克，姜末、葱花、生粉、盐各适量
	杂粮饭	大米50克，小米30克，玉米糁15克
	魔芋烧鸭	鸭肉50克，魔芋100克，红彩椒粒、姜末、葱末、香油、生抽、盐、食用油各适量
	香油菌菇拌紫甘蓝	海鲜菇80克，莴笋50克，紫甘蓝50克，黄彩椒、盐、香油、食用油各适量
晚加餐	坚果、牛奶	碧根果15克，牛奶150毫升

第20天		
早餐	香菇白菜豆腐包	干香菇5克，白菜20克，白豆腐干10克，虾皮1克，鸡蛋1个，白面粉25克，荞麦面粉15克，酵母1克，红曲粉、盐、香油、生抽、葱花、姜末、食用油各适量
	纯牛奶	牛奶150毫升
早加餐	山药百合汤	山药200克，百合30克
午餐	红豆糙米饭	红豆10克，糙米25克，大米50克
	虾仁鲫鱼玉米汤	麻虾30克，鲫鱼50克，玉米30克，盐、姜片、食用油各适量
	香卤牛肉	牛肉50克，盐、生抽、料酒、姜片、葱段、青瓜片各适量
	清炒红薯苗	红薯苗150克，香油、盐各适量
午加餐	草莓	草莓250克
晚餐	番茄鸡蛋汤	番茄50克，鸡蛋1个，盐、香油、葱花各适量
	杂粮饭	大米55克，荞麦米30克
	彩椒芹菜炒猪肚	猪肚50克，芹菜100克，彩椒50克，姜片、葱段、生抽、盐、料酒、白胡椒、白面粉、香油、食用油各适量
	白灼菜心	菜心150克，生抽、香油各适量
晚加餐	红豆花生汤	红豆35克，花生仁25克

第21天		
早餐	南瓜虾米炒粉丝	南瓜100克，龙口粉丝25克，干虾米6克，干香菇30克，姜末、葱花、香油、生抽、食用油各适量
	黑豆豆浆	黑豆25克
早加餐	豆浆蒸蛋羹	豆浆100毫升，鸡蛋2个，枸杞子5克
午餐	清蒸鳕鱼	鳕鱼1小块（60克），姜片、葱段、柠檬片、盐、小番茄、熟毛豆各适量
	黄芪乌鸡汤	黄芪5克，乌鸡50克，姜片、葱段、盐各适量
	木耳炒西蓝花	西蓝花150克，泡发黑木耳50克，姜丝、盐、香油各适量
	荞麦饭	荞麦30克，大米60克
午加餐	火龙果	火龙果350克
晚餐	番茄紫菜汤	番茄50克，紫菜10克，盐、香油、葱花各适量
	芹菜肉丝炒豆干	芹菜100克，瘦肉30克，豆干30克，姜丝、彩椒、葱段、生抽、盐、生粉、香油、食用油各适量
	香菇炒油菜	鲜香菇50克，油菜120克，姜末、盐、生粉、香油各适量
	杂粮饭	大米60克，红米30克
晚加餐	无糖奶粉	无糖奶粉35克

第22天		
早餐	翡翠白玉饺	干香菇5克，白菜20克，干黑木耳5克，鸡蛋1个，全麦面粉50克，菠菜汁25克，盐、香油、姜末、葱花、食用油各适量
早加餐	蒸玉米	玉米200克
午餐	青木瓜眉豆鱼尾汤	草鱼尾50克，青木瓜60克，眉豆10克，姜片、盐、食用油各适量
	黑椒芦笋炒牛柳	牛柳肉50克，芦笋100克，彩椒20克，姜丝、葱段、黑胡椒、盐、生抽、生粉、食用油各适量
	紫甘蓝炒彩椒	紫甘蓝100克，彩椒20克，香油适量
	红米饭	大米50克，红米30克
午加餐	火龙果	火龙果300克
晚餐	双耳炒肉片	瘦肉30克，干银耳5克，干黑木耳5克，彩椒、姜片、葱段、盐、生抽、香油、生粉各适量
	莲子猪肚汤	猪肚25克，龙骨40克（带骨头80克），干莲子10克，姜片、葱段、盐、料酒、白面粉各适量
	四色炒鸡丁	鸡胸肉30克，黄瓜50克，胡萝卜15克，鲜香菇20克，盐、姜粒、葱花、香油、食用油各适量
	杂粮饭	大米50克，玉米糁25克
晚加餐	鹌鹑蛋	鹌鹑蛋7个

第23天		
早餐	肉丝青菜荞麦面	瘦肉20克，荞麦面60克，青菜50克，盐、生抽、彩椒粒、葱花、姜丝、香油、食用油各适量
早加餐	牛奶蔬菜卷	白面粉40克，牛奶20毫升，紫甘蓝20克，豆皮、胡萝卜、黄豆芽、青瓜各10克，盐、姜汁、葱花、香油各适量
午餐	虾仁蒸蛋	鸡蛋1个，麻虾30克，盐、香油各适量
	白灼芥蓝	芥蓝200克，生抽、香油各适量
	党参炖鸡汤	鸡肉50克，党参10克，生姜、盐、枸杞子各适量
	玉米饭	玉米50克，大米65克
午加餐	苹果燕麦奶昔	苹果100克，燕麦30克，牛奶120毫升，温水20毫升
晚餐	冬瓜瑶柱炖排骨汤	排骨50克，冬瓜100克，瑶柱10克，姜片、盐、葱段、料酒、枸杞子各适量
	杂粮饭	大米50克，白扁豆10克，糙米20克
	牡蛎豆腐煮丝瓜	牡蛎肉30克，丝瓜50克，鲜香菇10克，嫩豆腐30克，姜丝、盐、香油、枸杞子、食用油各适量
	清炒莜麦菜	莜麦菜100克，食用油、盐各适量
晚加餐	雪莲子炖桃胶	雪燕10克，桃胶10克，雪莲子10克，干莲子5克，枸杞子5克，牛奶30毫升，代糖适量

		第**24**天
早餐	牛肉夹饼	全麦面粉55克，**酵母**1克，牛肉35克，盐、生抽、生粉、洋葱、彩椒、食用油各适量
	蔬菜汤	菠菜30克，鲜香菇20克，胡萝卜10克，香油、盐各适量
早加餐	红豆薏米汤	红豆35克，薏米25克
午餐	四神排骨汤	排骨50克，盐、姜片各适量；四神药材：茯苓10克，干莲子10克，山药10克，薏米10克
	黄花鱼烧豆腐	黄花鱼50克，嫩豆腐50克，姜末、葱末、彩椒粒、香油、盐、米酒、生抽、食用油各适量
	清炒小白菜	小白菜150克，食用油、盐各适量
	杂粮饭	大米30克，黑米10克，燕麦米10克
午加餐	橙子	橙子300克
晚餐	番茄鸡蛋汤	番茄50克，鸡蛋1个，葱花、香油各适量
	西葫芦炒虾仁	鲜虾仁80克，西葫芦100克，盐、姜片、葱段、香油、食用油各适量
	蛋白虫草花煮菠菜	菠菜150克，鲜虫草花10克，鸡蛋清1个，盐、姜丝、香油、食用油各适量
	杂粮饭	大米50克，小米30克
晚加餐	葛根粉	无糖葛根粉40克

第25天		
早餐	紫菜虾皮馄饨	馄饨皮12张，瘦肉25克，紫菜10克，盐、香油、姜末、葱花各适量
早加餐	柚子牛奶燕麦片	无糖即食燕麦片30克，牛奶110毫升，樱桃3颗，柚子肉60克
午餐	糙米饭	三色糙米30克，大米60克
	金针木耳炖鸡汤	干金针菜10克，干黑木耳5克，鸡肉30克，姜片、白胡椒各适量
	清炒莴笋片	莴笋100克，泡发黑木耳20克，彩椒片、盐、姜片、香油各适量
	茶树菇炒牛肉	茶树菇100克，牛肉50克，彩椒20克，盐、生抽、葱段、姜片、生粉、香油、食用油各适量
午加餐	猕猴桃	猕猴桃250克
晚餐	青红椒炒小鱼干	小鱼干20克，青红椒75克，姜丝、葱粒、盐、生抽、香油、食用油各适量
	茭白炒肉丝	瘦肉30克，茭白100克，彩椒丝20克，姜丝、葱段、生抽、生粉、香油、盐、食用油各适量
	海参炖鸡汤	泡发海参1条，鸡肉20克，陈皮10克，姜、盐各适量
	杂粮饭	大米60克，黑米20克
晚加餐	黑豆花生豆浆	黑豆20克，花生仁15克

第26天		
早餐	肉菜包	全麦面粉35克，包菜30克，牛肉馅10克，泡发黑木耳10克，鸡蛋1个，酵母1克，姜末、葱末、盐、生抽、香油各适量
	豆浆	黄豆15克
早加餐	南瓜虾皮汤	南瓜200克，虾皮10克，盐、香油各适量
午餐	五指毛桃炖瘦肉汤	瘦肉30克，五指毛桃10克，姜、盐各适量
	杂粮饭	大米60克，玉米糁30克
	洋葱彩椒炒鸡丝	鸡胸肉50克，洋葱、彩椒30克，姜丝、葱白段、盐、生抽、香油、食用油各适量
	白灼菜心	菜心200克，生抽、香油、葱丝各适量
午加餐	番石榴	番石榴300克
晚餐	杂粮饭	大米50克，小米35克
	鱼骨鸡蛋菌菇汤	带鱼头的鲈鱼骨50克，鸡蛋1个，海鲜菇60克，枸杞子、盐、姜片、食用油各适量
	莴笋滑鱼片	莴笋80克，鲈鱼肉70克，蒸鱼豉油、盐、香油、姜、葱、食用油各适量
	姜汁炒芥蓝	芥蓝100克，生抽、姜丝、香油各适量
晚加餐	苏打饼干	苏打饼干30克
	核桃黑芝麻糊	核桃2个，黑芝麻10克

第27天		
早餐	玉米发糕	玉米面粉20克，酵母1克，鸡蛋1个，白面粉30克，食用油适量
	纯牛奶	牛奶120毫升
	烫青菜	生菜80克，生抽、香油各适量
早加餐	木瓜银耳炖牛奶	木瓜100克，干银耳35克，牛奶100毫升
午餐	眉豆花生鸡脚汤	鸡脚1只，眉豆10克，花生仁6克，姜片、葱段、盐各适量
	肉末莴笋丝	莴笋100克，牛肉末30克，彩椒粒20克，姜末、葱白末、盐、生抽、香油、食用油各适量
	木耳洋葱炒鸡蛋	鸡蛋1个，泡发黑木耳35克，洋葱25克、彩椒10克，葱花、盐、香油、食用油各适量
	杂粮饭	大米50克，红米25克
午加餐	木瓜奶昔	木瓜200克，牛奶100毫升，温水20毫升
晚餐	羊肚菌酿肉	羊肚菌20克，瘦肉末30克，西蓝花30克，鸡蛋清1个，姜末、葱白末、盐、生抽、枸杞子、香油、食用油各适量
	杂粮饭	大米50克，藜麦20克
	腐竹青瓜炒彩椒	干腐竹15克，青瓜80克，彩椒10克，盐、姜片、香油、食用油各适量
	平菇番茄豆腐汤	平菇50克，番茄50克，嫩豆腐50克，姜丝、葱花、盐各适量
晚加餐	无糖奶粉	无糖奶粉35克

第28天		
早餐	荞麦麻酱卷	荞麦面粉40克，鸡蛋1个，牛奶20毫升，生菜10克，芝麻酱3克，盐适量
	豆浆	黄豆15克
	烫青菜	青菜70克，生抽、香油各适量
早加餐	鲜橙蒸蛋	鲜橙1个，鸡蛋1个，盐适量
午餐	清蒸太阳鱼	太阳鱼50克，姜丝、姜片、葱丝、葱段、蒸鱼豉油、香油各适量
	西芹玉米炒百合	西芹80克，嫩玉米粒30克，鲜百合10克，胡萝卜20克，盐、姜片、香油、食用油各适量
	黄芪炖乌鸡汤	黄芪10克，乌鸡50克，姜片5克
	清炒红苋菜	红苋菜150克，食用油、盐各适量
	杂粮饭	大米50克，糙米30克
午加餐	草莓	草莓300克
晚餐	瓜花炒珍菌	黄瓜花80克，海鲜菇100克，彩椒20克，姜片、盐、香油、食用油各适量
	姜汁白灼虾	基围虾100克，姜、葱、香油、料酒、生抽、食用油各适量
	猴头菇炖骨头汤	脊骨150克（带骨），猴头菇100克，姜片适量
	杂粮饭	大米60克，黑米30克
晚加餐	牛奶、坚果	牛奶200毫升，坚果10克